心理博弈

"推开心理咨询室的门"编写组◎编著

中国纺织出版社有限公司

内容提要

博弈，通俗地说就是“游戏”的意思，其实，每个人的人生都是一场心理博弈，人与人之间，自己与自己之间，也都无时无刻不存在着心理较量。学习与他人进行心理博弈，能帮助我们随时掌握主导权，而学会与自己进行心理博弈，能帮助我们调节心理、卸下压力、轻松生活。

这是一本关于博弈的心理学著作，旨在教导我们运用策略性思维洞穿他人的心理诡计，发挥心理优势，进而采取正确有效的心理策略，使自己免遭挫折和损失，使生活中的难题迎刃而解。

图书在版编目（CIP）数据

心理博弈 / “推开心理咨询室的门”编写组编著. -- 北京：中国纺织出版社有限公司，2024.5
ISBN 978-7-5229-1583-8

Ⅰ. ①心… Ⅱ. ①推… Ⅲ. ①心理学—通俗读物 Ⅳ. ①B84-49

中国国家版本馆CIP数据核字（2024）第066789号

责任编辑：张祎程　　责任校对：高　涵　　责任印制：储志伟

中国纺织出版社有限公司出版发行
地址：北京市朝阳区百子湾东里A407号楼　邮政编码：100124
销售电话：010—67004422　传真：010—87155801
http://www.c-textilep.com
中国纺织出版社天猫旗舰店
官方微博 http://weibo.com/2119887771
天津千鹤文化传播有限公司印刷　各地新华书店经销
2024年5月第1版第1次印刷
开本：880×1230　1/32　印张：7
字数：115千字　定价：49.80元

前言

我们都知道，人与动物最重要的区别就是人是思维的动物。我们每个人，每天都在运用思维进行选择，比如每天清晨，当你一觉醒来，可能就要问自己：今天穿什么？早餐吃什么？今天上班是坐公交车还是打车？今天要不要和下属开个会？中午要不要喝杯咖啡？周末要不要去买件衣服？买什么样的衣服？要不要参加朋友的聚会？聚会要带什么礼物？要不要接受某公司的邀约？要不要竞争某个职位？是不是该提加薪的事……这些看似很细小的问题，却贯穿着我们的生活，而其实，这就是人们常说的博弈。

那么，什么是博弈呢？从表面上看，“博弈”这个词汇让人感觉高深莫测，其实通俗地说就是“游戏”的意思。不过，我们也不得不承认，博弈也是一种非常神奇的智慧。经济学家萨缪尔森曾说：“现代社会，要做一个有能力的人，必须对博弈有一定的了解。”不得不说，二十一世纪，我们每个人都已进入博弈时代。

通俗地说，博弈就是心理较量，而在社交场合，那些深谙心理博弈的人总是能“左右逢源”“顺风顺水”：他们总是能在三言两语之间就交到朋友；他们似乎是别人肚中的蛔虫，不但能搞定上司、朋友、客户，甚至在恋爱中也如鱼得水；他们不但职场得意，情场也得意……他们总是很“吃香”，让别人觉得很温暖。可见，社交场合，深谙心理博弈，不仅要凭借自己的能力，还要有眼力和心计，学习心理博弈术，能帮助我们随时掌握主导权。

其实，我们除了要在人际关系中运用心理博弈术外，还要与自己进行博弈，我们的整个人生本就是一个自我博弈的过程，我们的每一次抉择都决定着未来人生的走势。一个深谙博弈智慧的人在处理任何事情上都是理智的，因为他们懂得运用博弈的策略来指引自己作出最佳选择。同时，博弈智慧还教导我们来进行最优的心理调节，毕竟任何人，行走于尘世久了，心灵会染上尘埃，我们唯有理智地调整自己的步伐和心态，才能以更好的状态重新上路。

可能你会认为，心理博弈是心理学家们的“专属工作”，其实不然，任何人都可以轻松地驾驭它，让它为自己所用。而且，本书正是用通俗易懂的语言，从实用的角度出发，分上下两篇，教你在人际关系和心理调节中活用心理博弈术。通过阅读这本书，你会发现，任何一件事，乃至任何难题，只要你懂得运用心理博弈术，那么，它都会迎刃而解，同时你自己也能从中收获意想不到的惊喜！

编著者

2023年7月

目录

第一章
求人办事，让他人无法犹豫和拒绝的心理博弈

还在傻乎乎地一上来就提出自己的请求或是建议吗？或者一听到别人的拒绝之词就想放弃打道回府吗？其实，要想说服他人接受自己的请求或是建议，不光要看它们的可行性，更重要的是要看你有没有掌握一定的技巧，将说辞深入他人的内心里。掌握一定的心理策略，深入他人的内心，让其无法说“不”。

对方犹豫不决，如何说才能让对方下决心

当我们就一个观点征询他人的意见并试图说服他人接受，或者当我们恳请他人接受我们的意见或建议时，如果对方犹豫不决，似乎可以接受你的观点、意见或建议，但似乎又因为别的什么原因促使他一时难以接受或者无法立即给予你一个干脆的答复时，为了快速完成任务或者避免别人考虑之后不予接受，我们可以趁对方矛盾之际，极力陈述理由或极力恳求对方，促使对方尽快下定决心。

日常生活中，很多人在面临选择时优柔寡断，百般踌躇。比如，一些顾客在挑选商品的时候，由于对商品的信息缺乏详细的了解，或者由于其他因素考虑过多，在面对诸多商品时，就会犹豫不决，不知道要不要买，或者买哪个更好。

一家厨具店聘了甲、乙两个人作为销售员，这两个人是工作上的搭档，他们实行的是两班倒的方式，两个人的工作内容和工作性质都是一样的。然而，月末发工资的时候，乙的工资总要比甲多一些，因为老板在统计工资时，是按照各自的销

售量来算提成的，乙卖得多，工资自然就会多一些。可让老板奇怪的是，乙几乎每个月都要比甲高，似乎乙的高工资并不是偶然的，乙肯定有比甲更好的销售手段。后来，老板刻意留在店里观察甲、乙的工作状况，老板发现，很多顾客在买东西的时候都会犹豫不决，而乙总是有办法促使顾客下定决心作出选择，甲则只会顺着顾客的意思，一味地强调产品的好处，却没有想办法促使顾客作出决定。如，当一个顾客对几款玻璃锅都表现出爱不释手的态度后，甲会说："我们家的锅都非常好，不信你买回家用用就知道了。"此时顾客还是犹豫不决，考虑一下说："我回去再想想吧。"于是离开了。而当乙面对这样的顾客时，会说："女士，这几款玻璃锅各有特点，你看这个茶色的锅是我们店里卖得最好的，而且大小正适合一家三口的量，你买这个吧，保证你不会后悔的。"顾客想了想，觉得挺有道理，于是爽快地掏钱买下了。

当别人在犹豫不决的时候，最好的说服对方的办法就是强调一个观点，促使对方尽快下定决心作出选择。当你不断地强调一个观点的时候，那个观点就会在对方的脑海中被不断地加强，对方就会越来越认同你的观点，进而答应你的请求或建议。

子清是一个美丽善良的女孩，很多男孩子都默默地喜欢着她，但她是一个“冰山美人”，轻易不跟男生接触。汪洋也很喜欢子清，眼见毕业在即，他不希望这份感情就这么悄无声息地画上句号，于是，他决定跟子清表白，并决定如果子清答应做自己的女朋友，那么他会让二人的感情持续升温，向着组成一个温馨的家庭努力。如果子清不答应做自己的女朋友，那自己就从此死心，过自己的生活。当然，最好子清能够答应自己。

这天，汪洋在子清的宿舍楼下，看到子清时，立马迎了过去，他告诉子清：“子清，我有话要对你说，晚上可以陪我到操场走走吗？”子清有点儿犹豫，汪洋接着说：“你放心，我绝对不是坏人，我们做同学都这么久了，你还看不出我是好人还是坏人吗？”子清同意了。晚上，两人在操场上边走边聊大学四年的生活，当然大部分都是汪洋一个人在说话，子清只是浅笑或者点头。汪洋见子清对自己感觉不错，就鼓足勇气说：“子清，我喜欢你，做我女朋友好吗？”见子清正在犹豫，汪洋接着说：“从一开始我就注意到你了，你跟别的女生不一样，你总是那么安静，做事有自己的条理，从不跟人争什么，你的安静让我的心也不再浮躁，我真的很喜欢你，请你答应我好吗？”子清仍在犹豫，她说：“这个太突然了，我还没准备好。”汪洋接着说：“请你给我个机会让我们先交往一段时间，如果你发现不合适，我不会勉强你的，好吗？”看着他那充满期待的眼神，子清笑了笑，答应了。汪洋非常兴奋，只要子清同意他继续交往的请求，他就有办法让子清爱上自己，这样就离成功不远了。

通常人们肯为别人的请求或建议犹豫不决，那就证明他是有可能接受这个请求或者建议的，而如何使这个决定变成现实而不是走向反面，就需要他人通过一定的方法或手段来促使对方尽快作决定。

不断让对方说“是”，你的目的就达到了

在生活中，我们如果希望说服对方，可以在交谈中尽量不让对方说“不”或不给对方机会说“不”，而让对方说“是”，这种务求得到他人肯定回答的方法，可以让对方在否定事情的态度上缓和下来，从而让对方放松警惕，当对方放松警惕或者对抗情绪不是那么强烈的时候，再适时提出自己的意见，则较容易得到对方肯定的回答。

关于这一点，奥弗斯特有一个很好的论断，他说：“我们得到他人越多的‘是’，我们就越能为自己的意见争取主动权。推销商品也好，其他的一切需要他人信服的事也罢，这一法则都很有效。初步了解他人的需求是这一方法的目的。”他在他的一本畅销书《影响人类的行为》中讲述了一则关于一个书商的故事来说明这种“获得肯定回答的艺术”。这个故事是这样的：

一个书商走上一级台阶，穿过一扇半掩的门，看见了屋里的女主人。他如果不太聪明的话，就会直接问：“你想买

一套美丽的故事书给孩子吗？”她肯定会说：“不需要！”然后就用力地把门关上。可是，聪明的推销员是不会以这种方式开始与他人谈话的。他说：“太太，你有一位少爷和一位小姐在小学读书吧？”“是啊。”女主人回答。就这样，在不知不觉中，书商已经接近了女主人。他虽然不一定能从太太这里拿到什么订单，可是，至少他已经有了一个良好的开端。

其实，人类心理都有一个共同的特点，当我们嘴上说“是”或者心里这么想着的时候，我们的内心实际上已经开始向对方靠拢了，我们的对抗情绪已不再那么强烈，甚至有时候会在心里帮助对方来说服自己，因为那个时候，我们已经站在对方的角度上来考虑问题，或出于同情，或出于关心，或者是我们自己太善良的缘故。

每个人都有自尊心，都觉得自己明白事理。当别人的建议或话语符合情理或逻辑时，人们通常不会去破坏自己的“形象”而以正确答案来回复对方，而聪明的人则会让人们尽量回答“是”。

一个小女孩偶然间看到电视上的一个钢琴家在弹钢琴，她觉得那画面简直美极了。回到家后，她告诉父母说她也想弹钢琴，父母认为女儿有这个兴趣，并主动要求去学习，非常高兴。小女孩的爸爸就对小女孩说：“爸爸支持你学钢琴，但是你答应爸爸要好好学，好吗？”小女孩开心地说：“嗯！我一定会好好学的。”但是，事情总是想象起来很美好，实际做起来又是很枯燥的，小女孩很快就厌烦了枯燥的练琴课。

这天，小女孩的妈妈送小女孩去上课的时候，小女孩哭闹着说不想去了，她的爸爸过来对她说：“学钢琴很枯燥，对不对？”小女孩点点头说：“嗯！”小女孩的爸爸接着说：“你觉得钢琴老师弹得很好听，是不是？”小女孩又点点头说：“是。”小女孩的爸爸接着说：“你想不想跟老师弹得一样好听啊？”小女孩又点点头说：“想。”然后又说：“爸爸，我知道了，我会好好学习的。”

小女孩的爸爸并没有采用直接斥责孩子的方式逼孩子去学钢琴，而是采用一步步诱导的方式，让小女孩在肯定中，一步步想起自己最初想学钢琴的理由，并激发小女孩的自尊心，让她自己主动愿意去上钢琴课。

很多公司在培训自己的销售人员的时候，培训师都会提到一种比较大胆的营销方法——“苏格拉底问答法”。这种方法，就是让销售人员在面对顾客的时候，从一开始便引导对方产生肯定、同意的心态，只问对方只能以“是”回答的问题，如此，对方的心便会朝着销售人员指引的方向前进，一旦方向确定了，对方的心就会不由自主地跟着你走了。

有个电器公司的业务员，碰到了一个问题。一位购买电动机的顾客，不久前到公司来抗议说："你们的电动机太烫了，连碰都不能碰！"跟着顾客到工厂探究的业务员看过后说："既然如此，我不能再要求你继续订购本公司的产品，你应该选购质量监督局所定的热度标准以下的电动机才是。"

"是的。"

"根据质量监督局的标准，电动机的温度可超过室温最多72华氏度。"

"是的。"

"那么，工厂的室温是多少呢？"

"75华氏度左右吧！"

"75华氏度加72华氏度等于147华氏度喽！这么高温度的电动机，手触碰之后，一定会烫伤，对不对？"

"是的。"

"那么，使用电动机时，必须注意，手不要去碰触电动机，否则一定会烫伤。"

顾客觉得业务员说得有道理，因而决定继续订购他们的产品。

当人们持拒绝的态度时，人的神经就会紧张起来，态度也会变得僵硬起来，一旦对方的问题能够让自己以正面的态度回应，也就是可以回答“是”时，人们紧绷的神经就会放松下来，此时人们通常会放下警戒心，当别人再提出请求时，人们就会比较容易被说服。

以情动人，以理服人

当晋武帝司马炎要求前朝臣子李密来朝做官的时候，李密上奏一篇《陈情表》一口回绝了司马炎。李密在说服晋武帝时，采用的就是“动之以情，晓之以理”的方法，而晋武帝深深感动于李密的孝顺之心，然后答应了其请求。李密本意是当时不愿事晋，但巧妙地避开了这一主旨，以奉养祖母为借口，说得合情合理，令人信以为真。其实，我们在生活中，也可以采用此方法，来使对方动容，从而让对方无法拒绝我们的请求。

常言道，动之以情，晓之以理，情不通则礼不达。因此，从某种意义上来说，以情为先是进入对方内心世界，产生亲和力的重要方式。只有实现了心灵的交流和情感的沟通，才能使对方心悦诚服。

这就是以情动人的力量！人非草木，孰能无情？在适当的场合，以情动人，感化对方，往往会取得意想不到的效果。

我们在实际的待人接物中、言谈话语中，一定要充满真情实意，这样才会让语言产生魅力和感染力，从而取得圆满的实际效果。同样，要想把道理说得很清楚，就必须寓理于情，否则虽然很感人、很煽情，也未必能够取得实际的效果。在实际的交往中，最好的办法应该是，动之以情，晓之以理，情理交融，如此，才有无穷的说服力，他人才甘愿信服。

日本著名企业家松下幸之助，更善于用“句句都在情理上”的方法跟人讨价还价。他在初出茅庐时，总是亲自出马推销产品。每当遇到杀价高手，他就说：“我的工厂是家小厂。炎炎夏日，工人在炽热的铁板上加工制作产品。大家汗流浃背，却努力工作，好不容易制出了产品。依照正常利润的计算方法，应当是每件××元。现在你杀的价使我们感到切肤之痛，务必请用××元承购。”对方一直盯着他诚恳的脸，听他讲完之后，笑道：“哎呀，我可服了你了。卖方在遇到顾客讨价还价时，总会说出种种不同的话。但是你说得很不一样，句句在情理上。好吧，我就按你说的价格买下来好了。”

松下幸之助采用的正是晓之以理，动之以情的方式，使对方没有理由继续打压价格，并按照原来所定的价格谈成生意。理——强调自己是按照正常的利润计算法来确定价格，自己并没有抬高价格，双方应该站在公平交易、互惠互利的原则上合作，促成生意；情——描述工人劳作的艰辛，唤起对方的同情。松下幸之助入情入理的话，打动了对方，让对方没有继续刁难自己，并以自己定的价格承购了自己推销的产品。

投石问路，探求对方真实的内心需求

马斯洛是美国著名的社会心理学家、人格理论家和比较心理学家。他认为，人类行为受到各种需求的影响，当某种需求得到满足的时候，人类就会感到某种程度上的满足，而这种满足又会影响他的其他行为。所以，当我们与人交往或是有求于人的时候，不妨从探知对方的内心需求出发，尽自己所能，去满足对方的内心需求。当对方的内心需求得到满足之后，对方就会产生一种愉悦感，而我们都知道，在人们心情好的时候，通常是很容易听进他人的建议或意见或请求的。那么，面对一个陌生人或是不太熟悉的人，如何去探知对方的内心需求呢？投石问路，诱导他人自己说出来，是一个不错的办法。

如何投石问路呢？可以在一开始多提一些没有实质性意义的问题，如“您最近生意怎么样？”“家里都还好吗？”“您脸色不大好，有什么烦心事吗？”“您对衣服款式有什么特别的爱好吗？”“您想要成熟一点儿还是可爱一点儿的装饰呢？”等。这些问题虽然看起来有点儿烦人，却是沟通中必不可少的一个环节，很多人都在这些提问中将自己的内心想法说了出来，或者通过态度、表情等身体语言间接地表达了出来。

投石问路最重要的就是不要太过直接，而要尽量采用婉转的话，通过友好的方式表达出来，这样才不会引人反感。另外，投石问路应避免打破砂锅问到底，当止则止，不要在别人面露难色的时候，还追问不止，那是非常让人讨厌的。

当你在投石问路的过程中，探明了对方内心的真实想法后，就要对症下药，满足对方的内心需求，这样便会如你所愿。

一家知名品牌的小店里有两个服装导购，小青与小白。小青每个月的业绩总是要比小白的业绩好点儿，并且有好多回头客都是冲着小青才过来买衣服的。小青在卖衣服时，有自己的一套方法。每当顾客在店里左右流连的时候，小青便会热情地上前询问顾客："您好！小姐，请问您是要今年新款还是要打折的？"当顾客无动于衷的时候，她就会自动退到一旁，说："小姐，您慢慢看吧，这些都是今年的新款，那边是去年旧款，现在正在打折。"当顾客走到打折区时，小青又说："这些衣服质量都非常好，去年400元、500元的现在都按200元处理了，很实惠。"对于追求时尚潮流的顾客，小青的说法是："您好，这是今年最流行的款式、最流行的颜色，您穿出去肯定特别抢眼。"

小青在卖衣服的过程中，先通过询问，得知顾客的真实心理需求，比如，有的顾客不喜欢追求时尚潮流而讲究穿衣的实惠性，有的顾客则非常讲究衣服的时尚元素，站在时尚的最前沿，这些人不太在意衣服的价格是否实惠，然后小青会根据不同顾客的心理需求，给顾客推荐相应的衣服，并用最好的词汇来赞美顾客的选择，以促使顾客下定决心购买。

生活中，当我们有求于人，而又跟他人不熟的时候，我们总觉得不好意思开口。倘若对方是名人或是身份地位很高或是有较高的职位头衔，我们更是会产生胆怯的心理，导致不敢向对方开口说明自己的请求，这样一来，双方都会陷入尴尬的境地。通常在这样的情况下，你首先得克服自己的胆怯心理，要说服自己那没什么，每个人都有需要他人帮助的时候。然后，你就要想办法打破与对方的那种障碍，拉近彼此之间的距离，也就是要学会套近乎。在套近乎的时候，不妨采用投石问路的方法，从对方的兴趣、近况谈起，从谈话中了解对方的内心需求，了解对方内心的真实想法。当我们了解对方的内心需求的时候，便可以投其所好，获得对方的好感，当对方对你产生好感的时候，再适时地提出请求，只要是对方可以帮助的，对方通常都会乐意帮助你的。

第二章

掌握社交心理定律，运用智慧取得人生博弈的胜利

现代社会的人们，继承了中华几千年的文明，融合了国内外众多的知识信息，在对人心理的把握上已经比从前有了很大进步。然而人们在不断揣摩他人的同时，却往往忽略了一些自然定律对自己的作用，从而导致自己作出一些不正确的决断或者得不到想要的结果，那么该如何避免这样的情况发生呢？来看一看这些影响广泛的心理定律吧！

墨菲定律：小概率事件绝不能忽略

墨菲定律又称莫非定律、墨菲定理或莫菲定理，是指：事情如果有变坏的可能，不管这种可能性有多小，它总会发生。比如，地上很泥泞，你因为怕摔倒而小心翼翼地行走，可越是这样胆战心惊，你摔个“狗啃泥”的可能性就越大。再如，你反复告诉自己，要拿文件A而不是B，可你最后拿的恰恰是文件B。

墨菲定律源于一次事故。美国上尉工程师墨菲及其少校在一次火箭减速超重试验中，因仪器失灵发生了事故，原因是测量仪表被一个技术人员装反了。墨菲因此得到的教训是：如果做某项工作有多种方法，而其中有一种方法将导致事故，那么一定有人会按这种方法去做。换句话说，我们越不希望发生的事越会发生。

墨菲定律揭示了一种独特却随处可见的社会和自然现象。比如你去参加一个舞会，因为穿着不当而不想碰见熟人，可事实是，你越这样想就越能碰见熟人；你去参加一个会议，你早到了，会议却取消了，你准时到了反而还要等。说白了，墨菲定律就是老天跟我们唱反调的状况，哪怕是一些很小的，常常被我们忽略或者无伤大雅的问题，有时却是整件事情发展的关键，小事情最能让人措手不及。特别是当人们在妄自尊大，以为自己无所不能、万事俱备时，墨菲定律就很可能会出现，来打破人们高枕无忧的姿态。

事物的发展总是具有两面性的，从来没有什么万无一失之说。随着科技的发展，人们虽然处理问题的能力不断增强，可是面对的挑战和问题也越来越复杂、越来越难。而且，问题关系的内容和范围越多，细节性问题越多，出错的概率也就越大。例如2003年美国“哥伦比亚”号航天飞机在即将返回地面时，却在得克萨斯州中部上空解体，七名宇航员全部遇难。这件事就是墨菲定律的印证。

人们在做任何事时都有发生坏结果的可能，而这坏结果则往往来自我们费心劳神想要避免的坏因素。墨菲定律告诫人们：永远不要太得意。你做的事情越复杂，可能出问题的地方就越多，你就越要小心与麻烦不期而遇。任何人都不能避免错误，而人能做的就是尽力避免那些可能给整个事情的发展带来致命性结果的“意外”。小概率事件发生的可能性小，但不代表它就不存在。你这次做好一件事，不代表你下次再进行同样的处理时不会出问题。墨菲定律提醒人们不要盲目自信，很多时候“人算不如天算”。

墨菲定律并非是让人们胆战心惊，做起事来畏首畏尾，而是一种良性提醒。聪明的人从不会被困难和挫折吓倒，他们不会因为一次失败就轻易放弃做这件事的打算，成功的经验是在失败中逐渐积累和纠正才得出来的。墨菲定律不是让人们在意识到可能的事故和差错时，采取听之任之、放任自流的态度，而是告诫人们要时刻保持关注和警觉，防止事故的发生。

小概率事件是人们最常忽视的事故原因。小概率事件因为其发生的可能性小，而常常被人们随意地归为不可能事件的类别。然而，事实是，小概率事件却总是能给人突如其来的大教训。概率和统计学中，习惯将0.95或0.99作为置信概率，也就是说，当概率大于0.95或0.99时，人们认为一件事情是可信的，而另外的0.05或0.01的其他可能则是被人们忽略的。1962年，美国“水手1号”探测器之所以发射失败，一个重要原因就在于工作人员在手工转录程序时少抄了一个连字符。此时，那被认为“不可能”的小概率事件变成了事实。把握事物的发展方向，就要避免那些可能扭转其发展趋势的状况发生，妄自尊大和心存侥幸都是要不得的心理。

墨菲定律作为一种普遍存在的现象，无论是在生活、管理，还是安全事件中，都对人们起着告诫和警示的作用。现代社会，信息瞬息万变，无论是在生活、工作中，还是在企业发展中，人们都要应对各种突如其来的变化。尤其是现代人际交往的关系网以及事物之间的链条错综复杂，可能引起不良反应的因素变得更多。墨菲定律起到了警示作用，提醒人们不但要重视已知的潜在负面因素，还要善于观察和发现，对那些尚未暴发的新的不良因素同样要提高警惕，做好必要的防范措施，获得事物发展方向上的主动权。

俗话说，“被动就要挨打”，认识墨菲定律要有正面的态度，它不是为了带给人们对突如其来的事件的恐慌和畏惧，而是一种积极的提示。它要求人们不要忽略小概率事件，重视微小的、细节性的安全性问题，不要想当然地以为上次没有发生过的状况这次也不会发生，墨菲定律呼吁的是人们在行事过程中思考和准备的全面性和预备性。因此，无论是在企业管理还是为人处世中，运用墨菲定律的实践性作用，就能避开很多不必要的麻烦和失败，使事情的发展更加自然、顺畅。

手表定律：我们无法同时遵守两个标准

我们都有这样的经历：排队的时候有两队，你好不容易选择了其中一队，可排了很久也轮不到你，而另一队本来跟你差不多位置的人已经走到前面去了，于是你决定换一队，可是才换了这一队没多久，你原来的那队却又快了起来，然后你就郁闷了。试想，假如只有一队的话，你不需要作这种选择，也不会左右为难，更不会在换来换去的选择中错失良机。

再如，有对夫妻，两人都是高级知识分子，在孩子很小的时候就开始进行多语教育，妻子教英语和普通话，丈夫教法语，奶奶说的是方言，时间久了，孩子并没有像大人期待的那样成为语言神童，而是不会讲话了。原因很简单，家里的每个人都以自己的方式和内容来教授孩子，而没有一个统一的标准和方法，最终造成了孩子的认知混乱，反而什么都学不会了。

以上就是手表定律，又称两块手表定律、矛盾选择定律，即：当一个人有一块手表时，可以知道现在是几点钟，可当他同时拥有两块手表，并且这两块手表的时间不一样的时候，他将变得无法确定时间。两块手表不但不能告诉他更准确的时间，反而造成他对时间的不确定和怀疑。

手表定律除了在生活中很常见外，还常被运用于企业管理中。在一个企业中，不能同时采用两种不同的管理方法，不能同时设置两个不同的标准，否则企业员工将无所适从。路越多人们越不知该往哪儿走，不同的标准就相当于不同的价值观和目标，从而造成人们从思维到行为的混乱不堪。没有统一的标准，就如同看不到前进的灯塔，方向和选择太多，人反而寸步难行。

手表定律的意义就是告诫人们，你只须选择一块值得信赖的手表，而并非越多越好。没有一个统一的基准，一味地追求更多的手表，最终将使自己无所适从。选择太多往往意味着无从选择。处于同一个公司同一级别的高层管理者，如果他们的理念和目标不统一，必将造成下属不知听谁的安排和命令的状况，不但影响工作效率，还会使员工对公司未来发展方向感到困惑和迷茫，最终不利于整个企业的发展。

心理学认为，人们在面对选择时，很容易出现矛盾，哪怕那些选择都是正面的。比如一个工作单位离你家近，但待遇没那么好，而另一个工作单位虽然待遇不错，可是离家又比较远。这时你当如何选择？是想赚更多的钱，还是希望自己没那么辛苦？选择的标准不能多样，你必须斟酌出自己更偏重哪一方面，你的价值观必须坚定，否则将出现思维混乱的局面。

又如，猴子捡了芝麻，丢了西瓜的故事，其中也包含了这样的道理。猴子不清楚自己的标准在哪儿，看什么都想要，看什么都想尝尝，它没有仔细斟酌和思考过，而是盲目地变换自己的所得，最终得到的是价值最低的芝麻。猴子的多标准，或者没有一个确定的标准，实际上也就是没标准。N个里面选1个，N越大，$1/N$越小，当N无穷大的时候，$1/N$就近似为零了。换句话说，选择太多，也就如同让自己没有选择了。因此，无论是企业，还是个人做事，都不能贪心，手表再多也只能留一块。标准就如同命令你行事的领导，领导多了，你该听谁的？互联网公司美国在线在与老牌公司时代华纳合并的时候，管理层之间在理念上的矛盾，造成公司发展前景不明，最终使这一合并以失败告终。

尼采说："只有一种道德的人是幸运的，这样他过桥会变得容易些。"可是，选择又是不可避免的。人生在世，不可能每次都只有一块手表，而且这一块手表你并不能保证它是最好的。面对多块手表的时候，正确的做法是：尊重你自己，选择你认为正确的道路，而不是人云亦云，或者盲目地跟着别人的指挥走。因为人们倾向于对非自主选择的人生怀有不满，这是逆反心理在作祟，即：虽然那个选择是好的，可是如果不是他心甘情愿作出的，他将始终对此耿耿于怀。

可是，现实中，无论是职业选择，还是工作追求、生活标准，或者企业的核心价值体系，这其中都包含着选择和抉择的问题。假如是个人选择，可采用“模糊心理”的做法，即：当你很难抉择的时候，不妨以潜意识心理为指导，作出最符合心理需求的决定。这种“模糊心理”实际上就是第一印象，它来自长时间的经验积累形成的一种本能反应，产生于内心矛盾地将A和B作比较之前。运用模糊心理，就是用感觉说话。

无处不在的手表定律要求人们在做事情前，要订立明确统一的标准，防止多重选择令人无所适从的状况发生。企业要发展，个人要进步，都离不开一块最佳的手表，而且是只此一块的手表。

蘑菇定律：无法破茧就无法成蝶

蘑菇定律指的是组织或个人对待新晋者的一种管理心态，即将初学者放置在不受重视的部门，只做一些打杂跑腿的工作，有时他们还会受到无端的批评、指责、代人受过等。组织或个人任其自生自灭，初学者得不到必要的指导和提携，像生长于阴暗角落的蘑菇一样。

企业对待新人就像在种蘑菇，蘑菇的生长需要养料和水分，同时要避免阳光直接照射，过分的曝光反而会使其夭折，而古时常用的蘑菇养料为人、兽的排泄物，这就是蘑菇定律里的“大粪”——不洁却是必需品。企业提供给新人一定的生存空间，条件虽艰苦，却是养大蘑菇所必需的。

对初学者来说，当上一段时间的“蘑菇”，对他是有好处的。

（1）消除他们不切实际的幻想，使他们更加接近现实。这一点对许多初入社会的年轻人是十分必要的。他们刚走出校园，有很多不切实际的幻想，进行“蘑菇式栽培”能使他们更实际、更理性地看待工作和理想之间的关系，也能使他们更好地思考和处理问题。

（2）使他们正确看待成绩和挫折。职场新人在刚入职的时候，通常都怀揣一股抱负，希望获得他人的认可和重视，一点儿小成绩就可能沾沾自喜，唯恐别人看不到。而且他们害怕批评和指责，总以为别人会抓住自己的小错误不放，于是做起事来战战兢兢，畏首畏尾。他们不明白，身处职场繁忙状态中的其他人，根本无暇顾及他们，每个人更关心的是自己能否做好本职工作。因此，“蘑菇式栽培”是磨炼初学者的意志，使其能在平和的心理状态下积极成长的第一步。

（3）尽快适应社会。脱离校园的社会生活充满挫折和挑战，不光需要专业的知识和技能，一个人为人处世和随机应变的能力也都十分重要。没有人一出生就是将军，点兵作战、跃马疆场、奋勇杀敌，无不需要从小兵时期磨砺。新人缺乏经验，难以担当重任，“蘑菇期”促使他们从适应最初的社会进程开始，尽快吸取经验、成熟起来，并一步步形成积极、高效的思考模式和行为方式。

蘑菇定律是每个初入社会者都可能遇到的情况。企业或组织采取蘑菇管理来对待新人，并非刻意为难或打击士气，而是一种培养方式，意在促使新人尽快适应社会大环境，把握自己的定位，不被困难吓倒，同时能以积极的心态迎接各种挑战，等待破茧成蝶的那一天。

不光是对新人，蘑菇培养对企业也有积极意义。对于缺乏经验的新人来说，他们的理论知识大于实践经验，刚开始着手工作难免漏洞百出，如同一张白纸。过早给新人以重任，等于揠苗助长，不但是对他们的不负责任，也可能令企业蒙受不必要的损失。新人要想尽快度过蘑菇期，就要耐得住寂寞和辛苦，而企业要想拿捏好蘑菇培养的度，就要给蘑菇提供足够的养分，比如培训、轮岗、多方面能力培养等，利用丰富的工作内容避免新人倦怠，使人力资源转化为人力资本，进而将“人力”这个潜力无限的资本为己所用，为企业创造更大的价值。

蘑菇定律好处诸多，但也应当认识到，蘑菇定律虽然是对新人意志、耐力、心态的良好磨炼，却也有着先天性的不足。一是太慢，二是缺乏主动。太慢可能会打击新人的积极性，缺乏主动可能会埋没人才。虽说“是金子总会发光的”，可在人才和人数都众多的企业中，被伯乐忽视的千里马也还是有的，这不但会造成对人才才能的浪费，也剥夺了人才发挥最大价值的机会，最终损失的将是企业自身。

此外，蘑菇管理是在特殊状态下的临时管理方式，现如今已被很多企业有效运用。因此，初出茅庐者一定要以正确的心态看待身处的蘑菇环境。

（1）当蘑菇是对新人的考验和试探，不但能使新人更加接近现实，也能使其更实际地看问题。

（2）只有从蘑菇环境中脱颖而出了，才有干一番大事业的可能。

（3）蘑菇时期是个积累经验和学习的过程，除了提高工作能力，蘑菇期还是新人积累人脉，建立最初的社会和人事交际网的重要时期。新人利用这一时期，不但要虚心学习工作方法和技巧，还要与同事建立起良好的沟通和统一性关系，这将成为接下来职场生涯的良性开端。

华盛顿合作定律：责任划分，并不是人多力量大

华盛顿合作定律类似于我们中国人说的“一个和尚挑水吃，两个和尚抬水吃，三个和尚没水吃”，即：一个人敷衍了事，两个人互相推诿，三个人则无法成事。心理学家将该定律的形成归为三大要因：

（1）旁观者效应，即责任分散效应，它是指当旁观者众多时，每个人应该负有的责任就会减少。比如，当只有一个人负责某件事时，由于不存在旁观者，没有人与其一起分担责任，他就必须主动去做这件事，而不能对他人有所期待。可是如果有两个人，他们各自为对方的旁观者，因此在做事的时候，他们会彼此观望，相互推诿，谁也不愿主动承担更多的责任。当有三个或三个以上的人时，旁观者更多，每个人分担的责任更少，情况和彼此间的关系都变得更为复杂和微妙，相互合作反而成为相互制约，最终导致华盛顿合作定律的产生。

（2）社会惰化作用，它是指当群体一起完成一件工作时，群体中的成员每人所付出的努力，会比个体在单独情况下

完成任务时明显减少。有个著名的拉绳试验，即：把被试者分成2人组、3人组和8人组，要求各组用尽全力拉绳，然后要求被试者单独用全力拉绳。结果，试验中出现了“1+1<2”的现象。这个试验就体现了社会惰化作用。

社会惰化作用其实就是人们的“投机心理”，即：人们在集体中有不发挥最大能力的倾向，除非是自己所作的贡献能够让人一目了然地分辨出来并得到认可。虽然形成的原因比旁观者效应更为复杂，可是二者所导致的结果是一样的。在组织中，社会惰化作用会明显降低群体工作效率，直接引起华盛顿合作定律的产生。

（3）组织内耗现象，是指组织成员之间的窝里斗，它不仅会耗费组织的资源能量，降低组织的运转效率，还会影响组织的正常效能，损害组织的整体效益。钓过螃蟹的人都知道，将抓到的螃蟹放在一个篓子里，不盖上盖子，也不用担心螃蟹会爬出来。因为只要有一只螃蟹往上爬，就会有其他的螃蟹将它拉下来，最后谁都出不去。这就是典型的组织内耗现象。

童话作家克雷洛夫的寓言中，天鹅、梭子鱼和大虾想把一辆小车从大路上拖下来，可是他们使足了力气都没使车子动一下，而且车子里的东西并不重。原因是什么呢？因为天鹅拼命往天上飞，梭子鱼往水里游，而大虾则一直往后爬，三方使力方向完全不同，自然达不到合作的目的。如将这个故事用于人与人之间的合作，人具有能动性也具有特异性，团结一致自然力大无穷，可假如相互抵触，则必将一事无成，并且人越多，关系越复杂，力量相抵的状况就越可能发生。

华盛顿合作定律表明，合作是个问题，怎样合作也是个问题。人多会导致这一问题的加重，可也并非人少就一定能提高效率，要彻底解决华盛顿合作定律的现象，就要以提高效益为目标，从建立管理制度入手，合理分工、明确责任、奖惩分明，同时还要不断提高员工整体素质，形成一个有利于人才发挥才能，彼此能协力合作的工作局面和环境。

此外，华盛顿合作定律还与“办公室政治”有关。所谓办公室政治就是：办公室环境中因钩心斗角而影响员工的工作和彼此合作的现象。“办公室政治”带有非常强烈的主观因素，而且会因为某些人而使整个办公室的同事关系变得复杂和扑朔迷离，如果不及时制止，其波及面将如野火燎原般逐渐扩大，最终影响企业的效益和创收。

要防止华盛顿合作定律的发生，就要创建高效绩团队的合作文化，也就是一个团队不但要有高效绩，还要有良好的合作关系。要对团队进行有效管理，就需要有相应的策略。

（1）明确的目标是合作成功的基础。当整个团队目标一致的时候，就能避免克雷洛夫的寓言故事中的“无用功”现象，就能实现我们俗话说的“劲儿往一处使”。

（2）知识和经验缺一不可。一个良好的团队要有同心协力的意识，可是假如没有相应的能力资本，再大的劲儿使出来也只能事倍功半。

（3）一个称职的领导者是必不可少的。领导者主要负责责任的分配和分工的明确，使每个成员都能各司其职，实现自身价值的最大化。

（4）团队成员之间的信任和尊重是企业的精神文化需求。信任能有效减少钩心斗角和相互猜忌，尊重是避免办公室流言的基础。

华盛顿合作定律虽然揭示了合作中的冲突和无效现象，却并非为了贬低合作的效用，因为合作成功给成员带来的满足感和自豪感也是有目共睹的，良好的合作只会更有效地促进企业的发展和壮大。

帕金森定律：人为的低效率是如何产生的

想必大家都有这样的经验，你做同一件事情的时间可以差很多，比如看一份报纸，你既可以在10分钟内看完，也可以看半天；你在繁忙的时候会抽空给远方的父母打个电话，可在空闲的时候，哪怕有一天的时间你都不一定会去做这件事；在工作中尤其会这样，如果时间充裕，你就会不自主地放慢工作的节奏或增添其他项目，以便用掉所有的时间。

以上就是帕金森定律的表现，即：只要还有时间，工作就会不断扩展，直到用完所有的时间。帕金森定律揭示了一个时间管理的问题和人们总是倾向于用各种事情填满所有时间的现象。这些事情中有些是必须做的工作，也有一些是额外衍生的不必要的项目，这样必定会造成做必要工作的时间被拉长，不但效率低下，还浪费时间。

提出帕金森定律的英国历史学家帕金森，在深入研究时发现，这一现象在行政领域更为普遍。他举例说：当A先生感到工作很累很忙时，一定要找比他级别和能力都低的C先生和

D先生当他的助手，把自己的工作分成两份分给C、D两人，自己掌握控制权。C先生和D先生还要互相制约，不能和自己竞争。当C先生工作也累也忙时，A先生就要考虑给C先生配两名助手；为了平衡，也要给D先生配两名助手，于是一个人的工作就变成七个人干，A先生的地位也随之抬高。当有七个人的时候，原本只有一个人来做的工作现在要经过七个人的手，彼此间的意见和需求也都要考虑和商量，例如一个人完成工作需要10分钟，可经过七个人之后，将花上至少70分钟。

帕金森总结道：在行政管理中，行政机构会像金字塔一样不断增多，行政人员会不断膨胀，虽然每个人都很忙，可是工作效率却越来越低下。因此，帕金森定律又被称为“金字塔上升”现象，即在一个行政体系中，自上而下，平庸的上司将工作交给更为平庸的下属，然后导致一级比一级庸人多，最终形成一个机构重叠、人浮于事、效率低下的体系。通俗点说，就是人人看上去都很忙，实际上人人都不忙。要避免帕金森现象，就必须了解它发生的原因。

帕金森定律产生的原因是管理者对权力的危机感。当他们利益受威胁的时候，会本能地采取措施来防止自己受到损害。当一个人拥有权力之后，权力危机感使其不会轻易让出自己的权力，也不会为自己树立权力的敌人，于是他们会选择不如自己的人做助手，最终将这个权力网越拉越大。

要防止帕金森定律的发生，就要建立一个公正、公平、合理的用人制度，这不但是对人权的尊重，同时能有效提高行政机关的工作效率，避免人力、物力、时间的浪费。最有效的做法就是，不要把选拔人才的工作交给需要该人才的部门领导。

不值得定律：你付出的多少取决于你重视的程度

不值得定律反映的是人们的一种心理，即一个人在做一件事的时候，假如认为它不值得，那就不会采取认真的态度，不仅不容易成功，即使成功了，他们也不会有多大的成就感。判定一件事情是否值得做，取决于三个因素：

（1）价值观。人们会对符合自己价值观的事情全力以赴，并且更容易获得成功。

（2）性格。人们很难做好与自己的性格相背离的工作，比如，你让一个爱好与人交往的人整天埋头在档案室里整理资料，这无疑是对其天性的扼杀和桎梏，他也会因此感到压抑和痛苦。

（3）处境。同样的一份工作，处境不同，人们的感受也会不同。比如，一个器重你的领导让你做一个方案，你会觉得那是看重你；可是如果是一个平时喜欢挑你毛病的领导让你做同样的方案，你可能就会认为那是对你的刻意刁难了。

不值得定律意味着人们看待一件事情的角度和看重的程

度会直接影响他们付出努力和精力的多少。不值得定律体现在工作上尤其明显，当人们做自己认为值得的工作时，会拼命为之付出，以期将工作做到最好，可是假如那个工作不是他所喜欢的，或者不是他擅长的，即使最后能够获得成功，他们自身的成就感也是很低的，因为他们为不能做自己喜欢的事，而在不喜欢的事情上花费了太多时间和精力而感到痛苦和迷茫。

然而现实中，许多人都没有那么幸运恰恰做自己认为值得的工作，而是在不喜欢的岗位，长期地努力工作着，因为他们无力改变什么。这种面对现实的无力常常让人们感到悲哀和无所适从，这种无法满足自己内心真正需求的感觉，让他们如同找不到方向的航船，只能在大海中机械地向前航行，既看不到尽头，也没有心情欣赏景色。

“选择你所爱的，爱你所选择的”，当你无法满足前者时，假如能做到后者，你也会是个快乐的人。因此，当你不得不在不喜欢的工作上长期奋斗时，不妨换个角度和心态，以一种恋爱的心情来面对它。没有一无是处的工作，既然你选择了它，那它一定有让你肯定的理由。努力发现工作中值得学习和助你成长的部分，当你以一种积极正面的心态来考虑工作的价值时，你会感到在任何工作面前都无往不利了。

以上是在无可选择的情况下应该持有的正确态度，可当你能够选择的时候，就一定不要轻易放弃这样的大好机会。对每个人来说，他面对的选择可能是多种的，而他需要做的就是选择其中他认为最有价值、最值得付出的一种，并有决心和毅力为之全力以赴。选择你爱的，爱你所选择的，只有这样才能激发自己的斗志，而不会因为背叛了自己的真实意图而感到虚度时光和人生。

不值得定律为人们在决策、职业选择、恋爱、个人消费以及个人爱好等问题上提供了理论指导和参考，除此以外，该定律还被广泛运用于企业或组织中，因为企业和组织追求的是员工价值的最大化，只有员工愿意实打实地干了，企业和组织才能收到良好的效益和回报。因此，在企业或组织中，让员工觉得自己从事的工作是值得做的事是十分重要的，因为这会提高员工的工作热情，而热情高了，效率自然也会上去。

作为企业或组织，应该对员工的性格和兴趣进行分析，合理分配工作。让成就欲较强的员工单独或带头完成具有一定风险和难度的工作，并及时地给予肯定和赞扬；让依附欲较强的员工，更多地参与团体的共同工作；让权力欲较强的员工，位处一个与之能力相适应的管理职位。同时，员工对企业目标的认同感也很重要，只有让员工感觉到自己所做的工作是值得的，才能有效地激发他们的工作热情。

此外，满足和培养员工的成就感也是让员工体会到“值得”的良策。成就感是人在取得成绩后所产生的心理上自我满足的感觉，这会激发他们更大的工作兴趣和热情，以期创造更大的价值，获得更大的满足感。因此，成就感对一个人能否长期、积极地为某项工作而奋斗来说，是十分重要的。树立员工的自信心、提供具有适度挑战性的工作、提供充分信任的独立空间，都将有利于员工成就感的培养和形成。

但是，企业也应当意识到，每个人的价值观不同，对成绩的认同标准也不同，能让其产生成就感的地方自然也会不同。要想掌握每个员工的成就标准，可以加大人力资源投入，加强对员工的教育培训，然后知人善任，构建出尊重员工、以员工为本的企业文化，让员工认识到做这份工作的前途，调动他们主动工作的热情。

本尼斯说：“最聪明的人是那些对无足轻重的事情无动于衷的人，但他们对较重要的事情却总是很敏感。那些太专注于小事的人通常会变得对大事无能。”虽然资源和能力的有限性使人们无法同时做好数件同等重要且难度很大的工作，可是生活中，有些人并非真的在做“不值得”的事，而是他们早已习惯了抱怨和自寻烦恼，对一些美中不足的事始终耿耿于怀，最后烦恼和痛苦的还是自己。不值得定律告诉人们，无论是在社会生活还是组织管理中，合理运用资源和时间，把值得做的事情做好，这比任何自怨自艾和怨天尤人都要有意义。

第三章
了解心理效应，在不知不觉中攻破他人心防

在人们长期的观察和实验中发现，有一些心理效应在潜移默化地影响人们的心理，几乎每个人都会被这样的心理效应所左右，或许你会觉得这很不可思议，然而你如果耐心地了解一下这些心理效应，就会发现他们对我们的生活起着非常重要的作用，如果能够熟练运用好的效应而避免消极的心理效应，那么你的生活一定会发生翻天覆地的变化。

晕轮效应：放大突出的缺点和优点

晕轮效应是由美国心理学家爱德华·桑戴克提出的，他认为，人们对人的认知和判断往往只从局部出发，扩散而得出整体印象，即以偏概全。一个人如果被标明是好的，他就会被一种积极肯定的光环所笼罩，并被赋予一切美好的品质；如果一个人被标明是坏的，那他就会被一种消极否定的光环所笼罩，并被认为具有所有的坏品质。这种现象如同刮风天气前，月亮周围出现的光环，因此晕轮效应又称为光环效应。

心理学家戴恩曾做过一个实验。他先让被试者看一些照片，照片上的人形态、着装各不相同，然后让被试者以照片为参照，来评定照片中的人其他方面的特质。结果表明：被试者对那些看上去有魅力的人会赋予更多理想的人格特征，比如和蔼、沉着、好交际等。

戴恩的实验其实就是我们常说的“以貌取人”，即我们常常会以服装、外表来评判一个人的性格、地位等，以初次交谈来判定一个人的才能、品质等。尤其在与不熟悉的人交往时，这种心理上的倾向性就更为明显。人们常说“情人眼里出西施”，两个人热恋的时候，彼此看对方，看哪儿都顺眼，假如你是看中对方的才华，那你可能觉得他的气质、个性也都是有魅力的，这就是典型的晕轮效应。

我们都知道，人与人交往的第一印象是很重要的。这是因为你对人或事物的第一印象将会影响你对此人或此事其他方面的判断，因此，“第一印象”之说也是晕轮效应的体现。之所以有这样的现象，是因为人的内心深处总是认为人的品质内外都是有联系的，比如一个长相丑恶的人，我们可能认为其面目可憎，因此对他心存畏惧，敬而远之；一个热情外向的人，人们倾向于认为他亲切友好、容易相处、乐于助人。无论是“丑恶”还是“热情”，人们一旦给某人贴上了一个核心标签，就会自然而然地以这一特征的积极或消极意义来评判他各方面的特征。这其实是一种认知偏差。

无论是从外到内，还是由内而外，或者由某一特性到其他特性，这些都是晕轮效应在左右人们的认知，使人们以一种以偏概全的主观心理去臆测事物。从认知上讲，晕轮效应仅仅抓住了事物的个别特征，却贸然对事物的本质或全部特征下了结论，这种认知是很片面的，如同盲人摸象，以点概面；它把一些毫不相关的特征联系在了一起，比如外貌和品格，断言有这种特征也必有其他特征；它具有绝对化倾向，好就全部肯定，坏就全部否定，缺乏客观性。

晕轮效应是人际交往中对人的心理影响很大的认知障碍，既是无意识的，又是固执的。尤其在商品经济和公共关系领域，企业和商家在包装和门面上的追求已经到了盲目的程度，甚至出现了所谓的“名片效应”，比如广告、新颖的包装、引人注意的明星代言，这些都成为影响人们判断和左右顾客购买心理的噱头。商家实事求是地利用公众的晕轮效应来达到宣传和销售产品的目的，这将无可厚非。可是作为顾客，我们还是提倡理性判断，特别是在面对一些利用公众的晕轮效应来坑骗害人的行为时，更要避免晕轮效应的影响。那么，怎么克服晕轮效应的弊端呢？

（1）避免“投射倾向”。善意的人习惯从好的方面来解释别人，而与人为恶的人则倾向给他人以负面评价，这种把自己的某种心理特点附加给对方的现象即为“投射倾向”。这种投射倾向表明，人们在反映他人的时候也常常在不自觉地反映着自己。倘若对自身的这种投射倾向不能自知的话，将很可能引发晕轮效应，造成偏见。

（2）正确对待“第一印象”。心理学上将两个初次见面的人彼此形成的直观感觉称为第一印象，它具有比较明显的先入为主的特点。好的第一印象是人际交往的良好基础，因此，留给他人良好的第一印象是十分必要的。从自身来讲，装扮得宜、举止得体，都是我们赢得良好第一印象的重要方面；从对方来讲，第一印象提供给我们的信息是十分有限的，而且外在表象还具有一定的虚假性，因此，第一印象并不能成为我们判断他人的标准，注意晕轮效应的影响，要冷静、客观地看待第一印象。

（3）“以貌取人”要不得。虽然生理外貌属于固定或天生的特征，可人们却喜欢为它们赋予各种意义，比如，体型富态的人心胸开阔、嘴唇厚的人憨厚朴实、浓眉大眼显得聪明伶俐等。其实，一个人的内在是何其丰富，哪能从外表就把全部的特质都看出来。正确的认知方式，应该是不被表象所迷惑或诱导，防止产生由表及里的包含偏见的推断，因为最能代表一个人的是他的行为和思想，绝非穿什么衣服、化什么妆就能一目了然的。

（4）类化作用不可取。类化作用也就是我们常说的“刻板印象”，即按照预想的类型将人分为不同的种类，贴上标签，按图索骥。比如，人们容易对老师产生好印象，对商人则心存芥蒂。类化作用一旦形成，就会产生对一类人进行概括划分的心理倾向。刻板印象忽略了人性的多样性，而且并非来自对象本人，而是他人在与对象本人近距离交往前就为其贴上了某类人的特征的标签，是一种偏见的合理化，这其实对对象本人来说是很不公平的，也算是某种意义上的思维定式。

（5）小心“循环证实”。心理学研究表明，一个人对他人的偏见，常会自动得到“证实”。比如，你觉得某人对你不够友好，于是你也表现得态度疏离，对方见你无心与之接近，自然也会离你更远，这反过来使你更加坚信自己对他的看法是正确的。这种现象也被称为角色互动或双向反馈。由于一方的感情偏失，导致对方的感情偏失，反过来使一方的感情偏失加重。这种不断循环的偏见，最终将导致彼此的误会越来越深，走入彼此都心怀成见的怪圈。因此，当你对某人有负面印象时，不妨先检讨一下自己的态度和观点是否有理或正确，切不可因凭空或“莫须有”的猜测或感觉而对他人造成误解。

歌德说“人们见到的，正是他们知道的”，这其实是人们在心理和认识上狭隘的一种表现。避免晕轮效应，要保持思维的客观、公正，不要让心灵的认知障碍阻碍了我们与人亲近的脚步；懂得运用晕轮效应，即便能力没那么强，也可以利用诚恳的态度来获得他人的信任和认可。避免其消极作用，利用其积极影响，这才是我们了解和学习晕轮效应的根本目的。

皮格马利翁效应：相信赞美的力量

相传古希腊神话中的塞浦路斯王皮格马利翁是个十分孤僻的人，喜欢独居。他为自己雕刻了一座少女的雕像，每天注视着她，不断赞美她，并且诉说自己对她的爱，如痴如狂。最终，少女复活了。这就是皮格马利翁的故事，它告诉人们：期望和赞美能产生奇迹。

心理学上的“皮格马利翁效应”又称为“罗森塔尔效应”，这一名称来自心理学家罗森塔尔及其助手的实验。1968年，罗森塔尔来到一所学校，他提供给校方一些学生的名单，并告诉校方，他通过一项测试发现，该校有几名天才学生，只是尚未表现出来而已。其实，这几名学生是罗森塔尔从学生名单里随意抽取的。期末的时候，当罗森塔尔再来到这所学校的时候，他发现了一个有趣的现象，这些原本不那么出色的学生竟然都取得了优秀的成绩。

罗森塔尔认为这是期望的作用——老师的期望以及学生自身的期望。被定位为“优秀学生”后，老师会对这些学生有高于一般学生的要求，并且将这种期望表现在教学方法和关注度上，把他们当作好学生来教。而学生在得知自己的潜力后，也对自己产生了高期望，认为自己是可以的，学习和做事时也充满了更多信心，对自己的要求更高，并且老师的期望也产生了激励的作用。最终，学生的成绩取得了突飞猛进的进步。

皮格马利翁效应强调积极期望对人的行为产生的积极影响，反之，消极的不良期望对人行为的影响也是不容小觑的。比如，当父母责备孩子是坏孩子时，这种消极“期望”使孩子的自我评价变低，渐渐地更加破罐子破摔，完全朝坏孩子的方向发展了。因此，皮格马利翁效应一直被广泛应用于教育和管理学的领域。无论是老师对学生，还是管理者对下属，适当的期待和赞美会令人产生一种努力改变和完善自我的动力，即“期待效应”。

“期待效应”其实具有心理暗示的作用，比如，人会不自觉地接受自己尊敬或认可的人的评价。期待效应表明，我们对他人的看法，无论是正面还是负面的，都会对其行为产生影响，对方的表现会逐渐向这个期望上靠拢。因此，要想使皮格马利翁效应产生积极的影响，就要不断地传递积极的期望。当一个人获得他人的信任、赞美和期待的时候，他就如同被注入了强大的能量，社会支持激发自我价值，自尊、自信使他们获得了积极向上的动力，并努力去达到对方期待的高度。

利文斯顿说："热情和冷漠都是有感染力的，尤其对于年轻人。"这句话反映的就是皮格马利翁效应的作用。那么，要如何正确运用这一效应呢？

（1）善待、培养人的自尊心和自信心。我们都知道，自尊和自信是人的精神支柱，是成功的先决条件。打击一个人的自尊和自信是十分容易的事情，你只须不断地羞辱和否定他，可是要建立一个人坚定的自信心就没那么简单了，特别是来自长辈、上级，或钦佩的人的评价，将对一个人产生深远的影响。因此，无论是老师、家长，还是管理者，尊重和适当的赞美比不断的批评指责都要有效，也更利于纠正不良行为，激发积极行为。

（2）不要只盯着别人的错误。无论是在教育还是管理领域，一个成功的教育者或领导者，应当是能对学生或下属进行开导、指正的，他们慎用批评、质问的词汇和语言，不会一直地盯着对方的错误不放，更不会时不时地拿出来刺激一下对方。他们懂得，批评不是目的，如何纠正错误，获得更好的发展才是智者所为。这里建议，在指出他人错误的时候，欲抑先扬是个不错的方法。

吉斯菲尔伯爵说："各人有各人优越的地方，至少也有他们自以为优越的地方。在其自知优越的地方，他们固然喜爱得到他人公正的评价。但在那些希望出人头地而不敢自信的地方，他们更喜欢得到别人的恭维。"皮格马利翁效应的核心是期望和赞美能产生奇迹，无论是教育、人际交往还是管理领域，这一效应均得到了积极的体现。

蝴蝶效应：细节不可忽视

蝴蝶效应是气象学家洛伦兹提出来的，他认为：一只南美洲亚马孙河流域热带雨林中的蝴蝶，偶尔扇动几下翅膀，可能两周后会在美国得克萨斯州引起一场龙卷风。原因是：蝴蝶翅膀的运动，导致其身边的空气系统发生变化，并引起微弱气流的产生，而微弱气流的产生又会引起它四周空气或其他系统产生相应的变化，由此引起连锁反应，最终导致其他系统的极大变化。

蝴蝶效应表明，事物发展的结果，对初始条件具有极其敏感的依赖性，初始条件极小的偏差，将会引起结果的极大差异。正如一首民谣里唱的："丢失一个钉子，坏了一只蹄铁；坏了一只蹄铁，折了一匹战马；折了一匹战马，伤了一位骑士；伤了一位骑士，输了一场战斗；输了一场战斗，亡了一个帝国。"简而言之，就是一个钉子导致一个国家的消亡。这并非危言耸听，世界上的万事万物都存在千丝万缕的联系，比如经济运作带来金融危机和股市风暴，大气运动引发厄尔尼诺现象，洪都拉斯和萨尔瓦多因足球引发战争等。这些无不证明，事物结构中的一个微小问题可以带来翻天覆地或截然相反的变化。生活中我们也常遇到蝴蝶效应的现象。

早上，张先生在开车上班路上堵得厉害，还与人发生了剐蹭事件，于是他在与人理论和警察调停之后，气呼呼地来到办公室。很显然，他的情绪不佳让下属也感觉到了，助手小李工作的时候小心翼翼，生怕触动了上司的雷区。无奈，张先生的脾气到底没控制住，一天中没少骂小李。

晚上，小李带着满腔不满和愤懑回到家，看到女朋友小燕张罗的满满一桌子菜，始终提不起兴致，味同嚼蜡。这下小燕不乐意了，辛苦了一天，怎么连句慰劳的话也没有。小李无精打采地吃着饭，看到家里的狗在脚边，不耐烦地踹了一脚，小燕这下真火了，生气地摔了碗筷，说："你对我有意见就直说，干吗拿狗撒气？我辛辛苦苦给你做饭不是为了看你脸色的……"

小李一听，积了一天的火气也冲了出来，说："我工作那么辛苦，你就不能体谅点儿？"两人就这样吵了起来，而且越吵越大，甚至摔起了东西，最终两人分手了。

生活中类似的因小事而引发大事件的故事比比皆是。很多时候，所谓无可挽回的结果都是由我们的忽略和听之任之的态度造成的。比如，你因为某件小事与一个同事有了摩擦，而你明明可以主动道歉和示好，却迟迟未做。接下来在单位的一次重要的职位评比中，你因一票落选，而这关键的一票与你之前得罪的同事不无关系。因此，蝴蝶效应提醒人们：有些小事可以糊涂，而有些小事一经放大，则可能给整个组织或事物的发展方向产生深远的影响。

对于企业来说，蝴蝶效应同样不可忽视。现如今的消费者越来越相信感觉，如品牌消费、购物环境、服务态度等，这些无形的价值都会影响他们的选择。消费者的一次不满将可能给企业带来一系列的损失，比如：某消费者因某品牌的售后服务态度太差，从此决定不再购买该品牌的任何产品，同时还把这次不愉快的经历告诉了周围的亲戚朋友，于是亲戚朋友都知道除了这个品牌的产品本身不够优质外，售后服务也不好，因此，他们也选择拒绝购买这一品牌的产品。一个人一次的购买力可能很小，可是许多人许多年的购买力呢？这个损失还小吗?

关注蝴蝶效应，就要做好你力所能及的小事。因为小事可以带来不良影响，但同样可以产生积极效应。企业好的服务态度和产品质量，会带动顾客提高品牌忠实度。而顾客在对该品牌具有高忠实度外，还会将对该品牌的信任传达给周围的人，从而给企业带来更大的效益。这是蝴蝶效应的积极影响。

此外，这里要特别强调蝴蝶效应和多米诺骨牌连锁反应的区别。蝴蝶效应是不同事物间的关联，是具有广泛性的，在一个广阔的空间和时间里，每件事都是息息相关的，一个改变将引起其他的改变，是不断累积后表现出的大变化，变化的起点和终点是完全不同的事物，比如蝴蝶和龙卷风，这看上去并无必然的联系。而多米诺骨牌连锁反应大多指同一事物间紧密相关的影响，是单一方向上的连锁，一级出现错误，将宣告整个连锁反应的结束，而蝴蝶效应是无论哪一项有变化，都势必会引起各种不同的、大的结果。

蝴蝶效应体现了马克思主义哲学里事物是普遍联系的哲学观点。所谓“差之毫厘，谬以千里”，不要忽略那些微小的差异和变化。蝴蝶效应的核心理念就是，看似微不足道的细小变化，却能以某种方式对全局产生微妙的影响，甚至能影响整个系统的正常运行。无论是政治、经济、社会生活、文化、管理，还是教育领域，蝴蝶效应可谓存在于整个人类社会发展进程的方方面面，因此，永远不要忽略细节的作用，它往往是我们掌控全局的关键。

霍桑效应：给予关注，能获得积极作用

霍桑效应是指由于受到额外的关注而引起绩效或努力上升的情况，这一效应来自著名的霍桑实验。

霍桑工厂是美国芝加哥郊外的一个制造电话交换机的工厂，具有比较完善的娱乐设施、医疗制度和养老金制度等，但是工人们仍愤愤不平，导致生产效率低下。为了探求原因，1924年，由心理学家组成的研究小组来到了霍桑工厂，展开了一个以“谈话实验”为中心的研究课题，以期找出生产效率与工作物质条件之间的相互关系。

在两年多的时间里，专家找工人谈话两万余次，并规定谈话过程中，要耐心倾听工人对厂方的各种意见和不满，详细记录工人的不满意见且不准反驳和训斥。

“谈话实验”收到了意想不到的效果，霍桑工厂的产量大幅提高。心理学家分析原因，是由于员工长期以来对工厂的管理制度和方法上有诸多不满且无处发泄，“谈话实验”正好为他们这种抱怨情绪提供了一个良好的发泄渠道，怨气发泄

了，心情舒畅了，自然干劲儿倍增。社会心理学家将实验中的这一奇妙现象称为“霍桑效应”。

霍桑效应也就是宣泄效应，其关键就是：让员工发泄心中的不满。霍桑效应是在优厚的物质条件之外，给予员工精神层面的关注，特别是人际关系方面，而保持该效应的方法就是额外关注。这就如同常年对孩子缺乏关注和照料的父母，给孩子再多的物质补偿依然无法弥补孩子情感和心理上的缺失，霍桑效应正是利用情绪发泄，使得员工与工厂之间的关系更近，精神上轻松了，比任何物质补给都更能让人心情舒畅、活力四射。

因此，霍桑效应启示人们：无论是在企业还是单位，作为领导者，在具体的领导活动中，一定要保持宣泄渠道的畅通，因为只有自由、和谐、相对活泼的言论氛围，才能让员工产生与企业间的归属感，进而激发员工的工作热情。尤其在当前竞争日益激烈的市场氛围中，来自企业间和企业内部的压力，都会对员工产生情绪上的影响。失落或心理失衡都将使员工产生消极情绪，从而影响工作积极性，因此，为员工提供一定的减压渠道是十分必要的。

霍桑效应还不止如此。在一所国外的学校，学生在入学的时候，学校会根据智力测验的成绩来将他们划分到优秀班和普通班。结果有一次在例行检查时学校发现，一年前入学的一批学生的测验结果由于某种失误被颠倒了，也就是说现在的优秀班其实是普通的孩子，而真正聪明的孩子却在普通班。但是这一年的课程成绩却如同往年一样，优秀班明显高于普通班，并未出现异常。

心理学家分析原因为：当普通的孩子被当作优等生而获得关注的时候，他们也会认为自己是优秀的，外界额外的关注以及他们自身的心理暗示使他们产生了“丑小鸭变天鹅”的力量。他们相信自己是个优等生，并以优等生的标准来要求自己，于是努力地达到外界和他们心中为自己设定的高度，这就是霍桑效应的另一方面——关注带来的激励意义。

因此，霍桑效应被广泛地运用到企业管理中，它说明：改变工作条件和劳动效率虽有一定的关系，但提高生产效率的决定因素是员工情绪，而非工作条件；员工追求的并非简单的收入，还有社会需求和心理需求，这比改变工作条件本身更为重要，也极易被企业忽视；关心员工的情感和不满情绪是提高劳动效率的有效手段，企业可以发展一种新的领导方式，既能让员工在生产和物质资料的分配中发挥技术性技能，又能使他们通过自发性合作发挥社会性技能；除了企业本身的正式组织，企业中还存在很多非正式组织，如老乡会等，这些组织是员工以自己的规范和情感倾向形成的小团体，于企业有利也有弊，它既可以加强员工间的感情和合作，也可能造成他们行为和思维上的狭隘和隔膜化，导致各小团体间的矛盾。因此，企业要采用有效的管理手段使这些组织积极地发挥正面的效用，以达到非正式组织的感情和正式组织的效率之间的平衡。

除了以上提到的企业管理、领导、教育方面，霍桑效应的心理暗示作用还可以改善抑郁、自卑、紧张等心理状态。

毛毛虫效应：“跟随者”的习惯

所谓毛毛虫效应是指因跟随而导致失败的现象，相应地，心理学家将那些喜欢跟着前面的路线走的习惯称为“跟随者”的习惯。毛毛虫效应来自著名的“毛毛虫实验”。

法国心理学家约翰·法伯把许多毛毛虫放在一个花盆的边缘上，使其首尾相接，围成一圈，然后在花盆周围不远的地方，撒了一些毛毛虫喜欢吃的松叶。约翰·法伯设想：毛毛虫会很快厌倦这种机械的绕圈而转向它们比较喜欢的食物。可事实是，毛毛虫开始一个跟着一个，绕着花盆的边缘一圈一圈地走，一小时过去了，一天过去了，又一天过去了，一连走了七天七夜，这些毛毛虫始终夜以继日地绕着花盆的边缘转圈，最终因为饥饿和精疲力竭而相继死去。

法伯分析，造成这种情况的原因是墨守成规的本能、习惯、先例和经验。假如有一只毛毛虫能够破除这种尾随的习惯，就可以打破这个最终令它们死亡的怪圈。

生活中，这种固定思维模式的状况比比皆是，比如，你习惯坐A公交车去上班，虽然B公交车跟A只有两站地的差别，可你还是会习惯等待A，而且有A的时候绝对不选B；你总是习惯用一种方法来解决一类题目，而很少花时间去思考它是否还有别的解决之道。人们对于熟悉的事情，会下意识地进行重复的思考过程和行为方式，这是一种思想上的惯性，如同我们平常所说的“死脑筋”。

不自觉地采用相同的模式来处理同一类问题是人类普遍存在的思维和行为倾向，无论是工作、生活，还是学习中，这种状况数不胜数，这就是我们所说的毛毛虫效应。重复性的思考和动作来自人们思维上的惯性和依赖性，它使人们习惯按固定思路去思考问题，而不是换个方向或角度，因此，时常会陷入死胡同，或造成脑力和财力的浪费。

固有的思路和方法会带给人安全感，具有一定的成熟性和稳定性，并且驾轻就熟的事情也比较不容易出错。袭用前人的思路和方法，有助于人们进行类比，可以缩短和简化解决问题的过程，帮助人们更加顺利和便捷地解决问题。但是我们也应当意识到，思路和方法的惯性也有一定的消极影响，比如，对一些看似相似实则迥异的问题，固定的思维模式只会束缚思维的开拓，妨碍问题的解决。再如，按照既定模式思考问题，会造成思维的麻痹、扼杀人的创造力和想象力、埋没人的潜能。尤其在这个日新月异的信息化时代，我们要想在工作和学习中获得成长和进步，就不能被自身的毛毛虫效应所束缚，只有不断地开拓创新，锐意进取，才能适应时代前进的步伐，达到与时俱进、共同进步的目的。

企业要发展，要在竞争日益激烈的市场大环境中占据一席之地，就要不断创新，一成不变最终只会让企业成为一潭死水，唯有新的创意、新的思维，才能保证企业生命之泉的不断涌动。摆脱思维定式和惯用模式的束缚，不再机械地循着前人的足迹而动，适应时代和发展的要求，寻找更为便捷有效的方法，才是保持新鲜和活力的根本。

这早已不是一个“一分耕耘，一分收获”的年代，单纯地关注做了多少工作而非做出了多少成果，最终只会把人推进行为僵化的怪圈，不但影响我们工作和生活的效率，也容易使我们陷入手足无措、寸步难行的僵局。因此，当在生活和工作中遭遇挫折和陷入停滞时，毛毛虫式的努力已经毫无意义，它只会让我们浪费更多的时间和精力，做更多的无用功，这时明智的做法就是静下心来，认真思考和分析旧方法，以开拓创新为目的，转变思路和另辟蹊径往往能走出思维和行为的死胡同，迈向一条光明大道，也只有这样，才能使我们在完成工作时更有技巧和效率，可谓事半功倍。

毛毛虫效应带给人们诸多启示，在学校教育方面也是这样，时代在发展，学生也需要不断进步和提高才能适应今后社会发展的要求，因此，学校要为社会培养可造之才，就不能将教育方法和教学内容总是固定在原有的模式上，承袭精华，摒弃糟粕，不断地改革和创新，以求找到最符合时代发展要求和学生需求的方式方法。只有这样，才能保证我们的教育事业始终朝着好的方向努力，为学生提供一个全面、有效、能够学以致用的教学环境。

毛毛虫效应对创新精神和潜能的扼杀力是可怕的，总是尾随他人或自身既定的脚步只会让我们停滞不前，并最终在思维和行为的定式中厌倦、窒息。没有人喜欢总是重复同样的事情，变化才是唯一不变的哲学真理，虽然以不变应万变有它一定的积极意义，但它同时也会成为我们创新和进步的绊脚石。因此，要避免毛毛虫效应，就不要因循守旧，不要让我们的思维钝化，因为创新才是发展的源泉。所以我们说，变化并不可怕，可怕的是一成不变。

鲇鱼效应：利用竞争，产生危机感

挪威人爱吃沙丁鱼，尤其是活的沙丁鱼。但是沙丁鱼非常娇贵，极不适应离开大海后的环境，当渔民们把刚捕捞上来的沙丁鱼放入鱼槽运回码头后，用不了多久沙丁鱼就会死去，而活鱼的卖价会比死鱼高上若干倍。因此，为了延长沙丁鱼的活命期，有渔民想出一个法子，他将沙丁鱼的天敌鲇鱼放在运输沙丁鱼的鱼槽里。因为鲇鱼是食肉鱼，放进鱼槽后，便会四处游动寻找小鱼吃。为了躲避天敌的吞食，沙丁鱼自然会加速游动，从而保持了旺盛的生命力。如此一来，一条条沙丁鱼就活蹦乱跳地回到渔港。这就是著名的“鲇鱼效应”。

“鲇鱼效应”是通过个体的“中途介入”，利用竞争作用而诱发群体生机的有效机制。上述例子里的鲇鱼就是“中途介入”的个体，而沙丁鱼就是产生危机感和竞争意识的群体，鲇鱼的介入激发它们的活力和生机，为其重新注入“活蹦乱跳”的生命力。

没有鲇鱼介入的沙丁鱼群体的懒惰现象是十分普遍的，

因为无论是在传统型还是自我管理型团队中，长期相处和日渐熟悉会导致活力和新鲜感的丧失，进而引发惰性。尤其是对一些企业、事业单位中的老员工来说，他们很容易因为工作时间太久而产生倦怠、厌烦、得过且过的心理，这种缺乏紧张感的工作环境正如没有鲇鱼的鱼槽，只会造成企业、事业单位员工竞争力的丧失，并最终影响企业、事业单位的效益。因此，适时地引入一条活跃工作氛围的“鲇鱼”是十分必要的。

马斯洛的需要层次理论将人的需要分为五层，其中自我实现的需要是处于金字塔顶层的高级需要，有时人们甚至可以为了实现高级需要而降低对物质等低级需要的要求，这就是竞争力的作用。现代社会很多时候，人们的工作并非为了解决简单的温饱问题，尊重和自我实现才是人们的终极目标。

当人们产生厌倦的沙丁鱼心理时，加入团队中的“鲇鱼”将会带来紧张感和竞争意识，自我实现的需要使人们为了证明自己而不得不打起精神，重新努力工作起来，以免被新来的员工超越、被新来的领导小觑。而对于那些能力刚达到及格线的员工来说，“鲇鱼”的进入使他们不得不加倍努力，以求能继续留在团队里。

因此，适时适当地引入“鲇鱼”，可以在很大程度上刺激团体战斗力的重新爆发。当今社会，鲇鱼效应在企业的人才管理机制中的运用已经十分普遍，比如，目前常见的一些机关单位实行的公开招考和竞争上岗，害怕被淘汰和超越的危机感使人们更加积极地工作。

企业利用鲇鱼效应激发员工的活力，可以通过为企业的职工队伍或管理层引入富有朝气、思维敏捷的年轻生力军来实现。年轻的生力军就如同注入企业的新鲜血液，他们积极向上、开拓创新的精神面貌和思维模式，将给企业中因循守旧、故步自封的老员工带来竞争压力，增强生存意识和求变心理。同时，这也是企业发现队伍中消极怠工的“混日子”者、淘汰能力不足者的好机会。

然而，需要注意的是，如果长期从外部引进高职位人才，就会使内部员工失去晋升的机会，使一些真正有能力和潜力的员工无法充分发挥才能，从而造成人才的流失和浪费，并最终使企业慢慢地失去生机。因此，运用鲇鱼效应，寻找企业内部的“鲇鱼”比一味地引入外来者更有积极意义。

当企业出现职位空缺时，应优先考虑公司内部的员工。因为给员工提供进步和晋升的机会，会让他们意识到企业是关心他们的个人成长和发展的，有利于营造良好的企业文化；而且，当企业本身存在“鲇鱼”而企业仍然盲目地从外部引入“鲇鱼”时，“能人扎堆”只会削弱老员工的积极性，导致内讧和效率低下的状况；同时，鲇鱼效应也是对员工的良好激励措施。企业运用鲇鱼效应的根本目的不是制造紧张气氛，也并非为了施加压力，它的作用在于调动员工的积极性，有效地激活员工的工作热情和激情。

我们知道，刺激能带来变化，诱发应激措施。鲇鱼效应就是让员工在刺激作用的驱动下展现活力，使之更好地为企业的发展服务。但是，我们要知道，鲇鱼效应并非可以随意使用，高频率或过多地引入“鲇鱼”，只会使员工士气低落、人人自危，甚至引起不必要的恐慌，因此，该策略的实施必须具备以下条件：

（1）团队环境、工作内容和性质已经很长时间没有变化，比如，团队成员很久没有增加，骨干人员的待遇、职位很久没有调整等。

（2）企业中影响和拖累团队发展的“休克鱼”已经有一定的数量，并且已经明显影响到团队目标的实现。所谓“休克鱼”，是指因被喂养时间长了而失去本性，不再主动游动去寻找食物，而是停在水中等着喂养，或是被饲养人员赶着被动地游弋的鱼，如同人们常说的混吃等死的人，他们激情不再、活力不再、创造力不再，最终只能成为企业发展的桎梏。

（3）引入“鲇鱼”的目的是适度刺激，因此，把握数量很关键，既要达到有效刺激的目的，又不能引起团队的整体波动，导致群体恐慌。

事物皆有两面性，鲇鱼效应既可以提升团队的战斗力，也可以毁掉整个团队。因此，在运用该策略的时候，一定要根据实际情况进行具体分析，谨慎决策，盲目而行只会适得其反。

此外，企业的“鲇鱼”除了人力外，新技术、新工艺、新设备和新的管理观念，同样可以使企业增强生存能力和适应能力，使企业处于市场大潮的不败之地。

美国销售专家埃尔默·惠勒说：“不要卖牛排，要卖煎牛排的嗞嗞声。”刺激的作用是潜移默化的，适度的紧张和危机感并没有什么坏处，相反，它是推动进步和发展的强大动力。

第四章
警惕社交陷阱：小心这些潜移默化的心理操控术

每个人的身边都或多或少地存在着欺骗人的行为，每个人有意无意之中都可能说出谎言。虽然古人说“吾日三省吾身”，可是在日常生活中，很少有人能时刻反省自己，以一个局外人的角度来认识和观察自己，因而人很容易陷入防不胜防的心理陷阱中。而且这时，人们很容易受到外界信息的干扰和暗示，并以他人的言行来作为自己的参照，最终导致自我认识的偏差以及对外界信息的盲目信任和追随。想要破除这个“魔咒”，最好的办法就是对这些心理陷阱有个清楚的了解。

你相信巴纳姆效应吗

著名杂技师肖曼·巴纳姆在评价自己的表演时说，他之所以很受欢迎是因为节目中包含了每个人都喜欢的成分，因此他使得“每一分钟都有人上当受骗”。人们常常认为一种笼统的、一般性的人格描述十分准确地揭示了自己的特点，比如外向、内向、活泼、文静等，心理学上将这种倾向称为“巴纳姆效应”，该效应是在20世纪50年代，由心理学家保罗·米尔提出来的。

巴纳姆效应是生活中十分常见的现象，比如那些流传于网络的心理小测试，我们时常会在看到结果时大叫“很准”，可是你若仔细分析其余的答案，就会发现，大多数时候，在那些A、B、C、D等答案中都能找到与你的性格和气质相符的内容，除去你测得的那个答案，其余每个答案落到你身上，你可能都觉得有理，“很准”。这就跟民间常见的算命一样，算命先生在观察你的表情和情绪反应后，说出一些具有普遍性的、无关痛痒的话，很容易就令你信以为真。

有这样一个心理学实验：心理学家给一群人做完明尼苏达多项人格测验（MMPI）后，拿出两份结果，其中一份是参加者自己的，而另一份是多数人的回答平均出来的结果，心理学家让参加者判断哪一份是他们自己的。结果，多数参加者认为那份平均出来的结果更能准确地表达自己的人格特征。

实验中的平均测验结果就如同上面提到的非正式心理测验和算命，普遍特征的代表性往往具有迷惑性，人们错将这种共同特征当作了自己的全部特质，从而对此深信不疑。这其实是十分不明智和缺乏判断力的。尤其是那些通过算命来祈求帮助的人，他们通常是在情绪低落、失意、对生活失去控制感的时候选择这个方式，以求指点迷津的，这时的人心里一般缺乏安全感，处于精神上的脆弱期，比较容易受到他人的暗示，因此被“忽悠”也很正常。

与此类似的还有星座之说，多年来的研究显示，无论男女老幼，无论他们是否相信占星术，人们都会受到巴纳姆效应的影响。

“你是一个适应性很好、可塑性很强的人，你的这些个性会通过技巧和效率得到淋漓尽致的发挥。你在生活中充满活力，但这种活力会朝着秩序、控制和平衡的方向发展。无论是在社交、物质还是智慧上，你都非常讲求条理。你看起来可能是一个乐于遵循社会规范、举止得体、颇有道德感的人，是生活富足、思想健全的中产阶级中的一员。”如果把这段评价作为星座测试的结果，那么，你可以在其中找到多少自己的特质呢?

法国的研究者米歇尔·高奎琳曾将它作为星座分析报告寄给150个人，其中有94%的人认为分析报告十分准确，甚至有人愿意付钱给高奎琳，以便获得更为详尽的分析报告。

实际上，以上的分析内容是“二战”期间臭名昭著的杀人魔王马塞尔·贝帝德的详细报告。此人在第二次世界大战期间，以能帮助受害者逃离被纳粹占领的法国为由，骗取他们的信任，其最终目的却是给他们注射致命的毒药，看着他们慢慢死去。贝帝德身背19条人命，并在1946年被斩首处决。

高奎琳移用的那部分内容其实是一种无关痛痒的巴纳姆式描述，它看似包含一个人的很多特征，实际上根本不具备任何指向性，但是正是这种颇具迷惑性的人类共性报告，时常让人们晕头转向，大叹神乎其神。特别是在面临一些正面描述时，人们更愿意相信那些话都是真的，没有人会真的想否认那些对自己的溢美之词。即使是不相信星座的人，他们在听到那些看起来颇具个性化和正确性的描述时，也会本能地不想否定它的正确性。这其实是种“谄媚效应”。因此，星座中那些认同人们具有未发挥的潜能以及他们是喜欢独立思考的人的描述，更容易得到人们的青睐和信任。

虽然古人说“吾日三省吾身”，可是在日常生活中，很少有人能时刻反省自己，以一个局外人的角度来认识和观察自己，于是，人们关于自我认识的信息更多的还是来自外界。这时人们就很容易受到外界信息的干扰和暗示，并以他人的言行来作为自己的参照，最终导致自我认识的偏差以及对外界信息的盲目信任和追随。

那么，要如何才能避免巴纳姆效应，从而客观公正地认识自己呢?

（1）坦然面对自己。从心理学上说，人们在面对自己的“缺陷”或自认为的缺陷时，都会有一种遮掩和逃避的态度，这种做法并不能改变任何负面状况，而只会因为未及时解决问题使情况越来越糟。

（2）培养收集信息的能力和敏锐的判断力。所谓判断力是一种在收集信息的基础上形成的决策能力，信息对于判断的支持作用不容忽视，没有相当量的信息收集，很难作出明智的决断。同时，主动、高效地收集有用信息，比从他人那里获得的闲言碎语要有价值得多。

（3）通过比较找到自己的位置。这里要强调，比较对象的选择十分重要，和不如自己的人比较，或者拿自己的优点去对比他人的缺点，都是有失公正的。唯有与条件相当的人进行较量，我们才能明确自己的位置，得出比较客观的结论。

（4）重大事件中的自己是最真实的。越是在成功的巅峰和失败的低谷，就越能反映一个人的真实性格。因为唯有真正的大事件，才能准确地体现我们处理和解决问题的能力以及是否具有良好的决策能力。重大事件中获得的失败和成功的经验和教训给我们提供了很多关于自身个性和能力的信息，仔细分析，我们将从中发现自身的长处和不足，以便保持或及时改正。

因此我们说，要避免掉进巴纳姆效应的陷阱，就要主动出击，因为熟悉我们的人永远是我们自己，客观公正的自我认识比星座之说要可靠、可信得多。

保持清醒，别被“留面子效应”操控

我们常会碰到这样的现象，比如你在商场看中了一件衣服，一问价钱，对方说要400元，你心里对这件衣服的设定价是250元，而你首先选择“对半砍”，问店家200元卖不卖，他说不行，因为这个价太低，连成本都不够，实在亏大了，他让你再加点儿。于是你说最多250元，不卖就算了。然后店主说成交。这时你心里可能还在窃喜，觉得自己讨了便宜，其实你所采用的砍价方式店家又岂会不知呢？

以上其实就是心理学上的“留面子效应”，即在向别人提出自己真正的要求之前，先向别人提出一个大要求，待别人拒绝之后，再提出自己真正的比较小的要求来，别人答应自己要求的可能性就会增加。这种“欲得寸先进尺”的策略常被用于销售中。为了获得推销的最低回报，先提出一个明知别人会拒绝的较大要求，可以提高顾客接受较小要求的可能性。例子中的货品标价和砍价之间其实就是这种策略的运用。

心理学家曾做过一个名为“导致顺从的互让过程”的研

究，在实验中，研究人员将参与实验的大学生分成两组，他们要求第一组大学生带领少年们去动物园玩一次，时间是两个小时，结果只有1/6的学生答应了这个请求。而研究人员在对第二组大学生提出相同的要求前，先请求他们花两年时间担任一个少年管教所的义务辅导员，面对这样一件费时又费力的工作，几乎所有的大学生都谢绝了。接着研究人员又请求他们带领少年们去动物园玩两个小时，这时一大半的学生都答应了这个请求。

以上实验就是留面子效应的体现，相同的事情，只是提出的方式稍有不同，结果却有很大差异。心理学家分析认为，留面子效应的产生，主要是因为人们在拒绝别人的大要求的时候，觉得自己没有能帮助别人，损害了自己富有同情心、乐于助人的形象，辜负了别人对自己的信任和期待，会感到一点儿内疚。因此，为了恢复自己在别人心目中的良好形象，也达到心理上的平衡，在对方提出第二个较小要求时，他们就比较能欣然接受。这实际上是利用了人们虚荣、同情、好面子的普遍心理。

留面子效应既是给自己面子，也是给别人面子，因为大多数人都是不善于拒绝他人的。比如你在逛街的时候，热情的导购小姐极力向你推荐当季的新款服装，你说自己只是随便看看，可对方依然不放弃地建议你试一试，她可能会说：“这件衣服很适合您的气质呢，我想您穿上一定好看。”可你还是拒绝。于是对方又说：“您就试试，兴许您会喜欢这个风格呢，如果真的不满意也没关系的。”你被说得心动了，于是穿上了这件衣服，只听她说：“您看，我就说很合适嘛，真的很衬您的气质。”最后你在没有购衣计划的情况下，把原本不想买的东西买回了家。

生活中类似的例子比比皆是，要避免成为留面子效应的作用对象，时刻保持理性和清晰的头脑是我们需要注意的事情。当然，我们也可以将这一策略挪为己用，比如当你想向朋友借500块钱时，你可以先问对方是否可以跟他借1000块钱，他很可能感到很为难地说没有那么多，这时你可以再问500块钱成不成，因为你真的着急用，这时对方就很可能会答应了，而你借钱的目的也达到了。

因此，想让人答应你的要求，可以先提出一个可能被对方拒绝的大的要求，这就是留面子效应。但是我们也要注意，事物的两面性决定了留面子效应并非畅通无阻的、毫无使用限制的。它能否发生作用，关键在于双方关系的亲密程度以及你需求的合理程度。如果既无责任，又无义务，却想别人答应一些损害自己利益的事情，这时留面子效应是不会起作用的；在不熟悉或陌生人面前使用留面子策略时，你必须让对方认为自己是不吃亏、最好是有便宜可占的，这样才能达到“双赢”的局面。

留面子效应固然好用，可也不能滥用，所谓“己所不欲，勿施于人”，过分使用只会留给别人自私、算计、斤斤计较的印象，最终损人又不利己。

凡事有度，尤其是说话做事

马克·吐温有一次在教堂听牧师演讲。最初，他觉得牧师讲得很好，大受感动，还准备捐款。可是过了10分钟，牧师还没有讲完，马克·吐温有些不耐烦了，决定只捐一些零钱。又过了10分钟，牧师还在讲，于是马克·吐温决定，一分钱也不捐。当牧师终于结束了冗长的演讲，开始募捐时，马克·吐温由于气愤，不仅未捐钱，还从盘子里偷了2元钱。

马克·吐温的经历想必是我们都曾体会过的，比如你不小心闹了个笑话，引来众人哄笑。接下来这件事被朋友、同事反复提起，开始你还能陪着众人一起傻笑，可是次数多了，你就开始反感和厌烦了，心里不禁想："还有完没完哪！"于是在又有人提起这件事时，你终于忍不住翻脸了。

以上就是心理学上的"超限效应"，即因刺激过多、过强或作用时间过久，而引起极不耐烦或逆反情绪的心理现象。

超限效应在家庭教育中极为常见，例如小孩子考试没考好，父母会一次、两次、三次，甚至四次、五次就这件事做同样的批评，并不时地提醒道："你看你上次考得那么差，还不抓紧时间学习！"时间久了，这类话说多了，孩子便会从内疚不安逐渐变得不耐烦，最后极为反感。于是，在父母反复的叮嘱和教育声中，孩子反而无心学习了，还出现了"你让他往东，他偏往西"的逆反心理和行为。

这是因为，任何人在遭受批评指责时，都需要一段时间才能恢复心理平衡，小孩子尤其是这样。当他们受到反复批评时，便会想："我已经知道自己错了，为什么还老提起？"超限效应是孩子挨批评的心情无法恢复平静时的反抗表现，而他们之所以无法平复心情，恰恰是因为父母在反复强调他们错误的同时也耽误了他们反省和改正的时机。

因此，在教育活动中，无论是家长还是老师，在批评孩子时一定不能超过限度，批评的目的是让他们改正和进步，重复批评只会适得其反；如果一次批评不能引起孩子的重视而非要再次批评，那也不应简单地重复，最好能够换个角度、换种说法。这样，孩子才不会觉得自己的错误被揪着不放，也不容易感到厌烦、产生逆反心理。

重复批评会带来反效果，表扬过头也会如此。这就如同你请一个人吃甜点，看上去极为诱人的造型让人食欲大增，一块甜点下肚，甜而不腻的口感让人心满意足。这时你为了展现自己的好客大方，而怂恿对方再吃第二块、第三块，于是对方终于忍无可忍地说："再吃我就要吐了。"表扬过头只会让人产生麻木和疲惫的心理，甜点再好吃也尝不出味美在哪里了。

俗话说："好菜连吃三天惹人厌，好戏连演三天惹人烦。"马克思主义哲学一直在强调度的重要性，量变引起质变，质变可以是好的，也可以是坏的，最重要的是如何拿捏那个最合理的尺度，超出尺度，事物就会朝相反的方向发展。

古希腊哲学家德谟克利特曾说："当人过度的时候，最适宜的东西也会变成最不适宜的东西。"超限效应还表现在组织管理中。

领导开会讲话是为了向员工传达思想、布置任务，可是现实中，有些开会总也达不到效果，领导在台上讲得唾沫横飞，员工在台下听得昏昏欲睡。有时并非领导讲得不好，而是没有把握住度。冗长拖沓、面面俱到、理论道理一大堆，讲话时间一长，听众自然就把它当成了"催眠曲"，再好的精神也顶不住睡神的到来。因此，领导讲话最好做到少而精，言简意赅，争取用生动的语言吸引听众的注意，让他们愿意听、乐意听、听进去。

很多老师或领导在讲话或批评教训人时，一开始就停不下来，引发了超限效应，这其实反映了几个问题：

（1）讲话者太以自我为中心。超限效应的讲话者只是急切、迫切，甚至机械地反复强调和重复自己的言论，这其实是一种以自我为中心和自私的表现。

（2）不讲究说话方式。任何一个论点经过多次重复，都会让人反感和厌烦，最好的方式就是能够采取生动有趣或别开生面的表达方式，既让听众容易接受，又能时刻铭记在心。

（3）失度。搞不清合适的度在哪里是超限效应引发者的通病，当对方已经接收到他们的信息并有所感应时，他们仍不懂得“察言观色”，及时打住，最终只能适得其反。

（4）没有换位思考。超限效应的讲话者也许出发点是好的，可是他们并没有设身处地地为对方着想过。试想，如果有个人一直对你滔滔不绝，或始终抓着你的那点儿小错误不放，再或者总是重复同样的批评，你能每次都心平气和、态度端正地听对方把话讲完，而心里不存一丝不快吗？

单调、大强度、长时间的重复刺激只会引发心理的不适和抗议，过分的唠叨只会给人留下办事低效、无趣、没完没了的印象。因此，要避免超限效应，就要注意：

（1）表达任何观点的目的都要明确，所有的步骤一定要围绕目的展开，不要说“废话”，不要“啰嗦”，不要“做无用功”。

（2）方式要与目的相对应，行之有效的表达和处事方式才能提高效率，妥善地解决问题。

（3）学会换位思考，真正表示关心。

（4）在向对方提要求时，要考虑是否合理、自己是否也能做好。

谨防因“登门槛效应”而答应他人请求

1966年，美国社会心理学家弗里德曼与弗雷瑟做过一个著名的“登门槛实验”：实验的第一步，由两名大学生事先到各家各户向家庭主妇们提出一个小的要求，请她们支持“安全委员会”的工作，在一份呼吁安全驾驶的请愿书上签名。实验的第二步，在两周以后，由原来的两个大学生实验者重新找到这些主妇，问能否在她们的前院立一块不太美观的大告示牌，上面写着“谨慎驾驶”。实验的结果表明，先前在请愿书上签过名的，55%以上都会同意立告示牌，而没有签过名的家庭主妇，只有不足17%的人接受了这一要求。

心理学家分析认为，人们拒绝难以做到的或违反意愿的请求是很自然的；但是他一旦对于某种小请求找不到拒绝的理由时，就会增加同意这种要求的倾向；而当他卷入了这项活动的一小部分以后，便会产生自己是关心社会福利者的自我概念。这时他如果拒绝后来的更大要求，就会出现认知上的不协调，于是，恢复协调的内部压力就会使他继续干下去或给予更多的帮助，并使态度改变成为持久的。

这就是“登门槛效应”，即一个人一旦接受了他人的一个微不足道的要求，为了避免认知上的不协调，或想给他人以前后一致的印象，就有可能接受更大的要求。这种现象中个体接受要求就如同登门槛一样，会顺着台阶一步步上升，最后答应一个假如一开始就向他们提出则会被拒绝的要求，哪怕这个要求是重大且不合理的。因此，登门槛效应又叫得寸进尺效应。

登门槛效应是生活中比较常见的现象，比如超市中的免费试用活动，你原本没打算买该产品，只是因为好奇而试用了一下，觉得效果还可以。这时导购人员走了过来，向你解说该产品如何如何好，你可能还是没那么想买，于是他说：“您就买个小瓶的试试呗，小瓶的没那么贵，如果您觉得好用再回来买大瓶也可以啊。”然后你想想，觉得有理，有点儿心动，拿起了一小瓶。这时导购人员又说：“其实，我们这一系列产品不只这一种，其他的也很好用，不信您再试试这个……”这一试一买再一试，最后在收银台结账时，你手里拿的可能就不止一样两样了，你可能真的把一整个系列的产品都买回家了。

心理学家认为，在一般情况下，人们都不愿接受较高、较难的要求，因为它费时费力又难以成功，相反，对于小的、较易完成的要求，人们则很乐于答应。而往往在实现了小的要求后，你再向对方提出更大一些的要求时，对方也比较容易接受了，这就是登门槛效应对人潜移默化的影响。

超市的例子是登门槛效应在销售方面的应用，此外，该效应还被广泛用于管理方面。比如上级在希望下属接受某件较难的任务时，不妨先让他完成一件类似的较小的任务。在对方接受或完成后，再逐步把自己大的要求提出来。尤其对于新人，上级一次提出过高的要求，可能会造成他们心理上的压力和忐忑，导致他们自信心不足。这时，上级就可以先提出一个只要比过去稍有进步的小要求，当他们达到这个要求后，再通过鼓励，逐步向其提出更高的要求，这样的表达方式更容易被新人接受，预期目标也容易实现。

在人际交往中，当我们向某人提出某个较大的要求而又担心他会拒绝时，可以先向他提出一件类似的、较小的事情。登门槛效应反映了人们普遍存在避重就轻、避难趋易的心理倾向。例如有一位长跑冠军在分享自己的长跑秘诀时说道："别人都把一万米看作一个整体目标，我却把它分成十段。在第一个一千米时，我要求自己争取领先，这比较容易做到，因此我做到了；在第二个一千米时，我也要求自己争取领先，这并不难，所以我也做到了……这样，我在每一个一千米时都保持了领先，并超出一段距离，所以赢得了最后的胜利，尽管我的水平不是最高。”这就是登门槛效应的心理作用，小目标累积成就大目标。

登门槛效应给予人们诸多启示，在教育工作中也是这样。当老师向学生提出较高的学习要求时，不宜一开始就把目标定得很大，这会增加学生实现目标的难度，同时也会打击他们的信心。

一位老师为了督促学生自觉背诵单词，每天分早上、中午、下午三次给学生听写所学单元的单词，过关的组加分，不过关的多写几遍巩固。但是很快学生们就怨声载道，纷纷声讨任务过重了。于是老师决定改变形式：把整个单元所有单词平均分成5天的任务，这样每天最多有七八个新单词需要记忆。每天下午由课代表布置明天要听写的内容。每天除了听写应该掌握的新单词外，还要再抽查前一天的内容，总共不得超过10个单词。当新的实施方法一公布，学生们欢呼雀跃，纷纷表示赞同。

果然，在随后每天的单词听写环节，学生们的正确率大大提高，中午被留下巩固的人数也大大减少。学生们纷纷表示这样做他们感到压力小了很多，信心也增强了，准确率自然也就提高了。

这个例子说明，把任务分解、降低难度将更有利于达到既定目标。明代洪自诚在《菜根谭》中说：“攻人之恶勿太严，要思其堪受；教人之善勿过高，当使其可从”，这与登门槛效应有异曲同工之妙。聪明人既能妥当使用该策略使别人应允自己的要求，也能在对方将此策略应用在自己身上时保持理性的判断力。

理性看待“名人效应”，不可盲目消费

晕轮效应是我们前面提到过的概念，它在生活中十分常见，比如在广告中的应用。仔细留意不难发现，拍广告的大多是比较有名的歌星、影星，而很少见到那些名不见经传的小人物。因为名人推荐的商品更容易得到大家的认同，人们会把名人自身的形象与产品本身联系起来。而且一个企业要想让自己的产品迅速被大众关注和接受，一条捷径就是让企业的形象或产品与名人相连。让名人为公司做宣传，借助名人的名气为企业聚集更旺的人气，从而提高企业的知名度，让人们一想起公司的产品就想到与之相连的名人，或者一看到该名人就想到他代言的产品。

虽然我们常说“是金子总会发光的”，可是在信息和科技迅速发展变化的今天，金子要想被人们注意到，就要找机会让自己发光。

其实不难看出，名人本身不能为企业创造什么价值，但是其在公众中的无形影响力却是企业求之不得的。一个产品要想迅速为大众所知，最好的方法就是找名人拍广告，甚至有时

名人对公众的影响力比产品本身更大。

例如，当我们看到某个名人在媒体上曝出一些丑闻时，会因为对他的印象变差而拒绝购买其代言的产品，因为觉得他欺骗了大众，是不可信的。实际上，无论是对名人的形象还是产品的形象，这都是晕轮效应在起作用。

名人也是普通人，而事实上，人们普遍接受的名人形象就是他在银幕或媒体上展现给我们的，这就是“晕轮”，人们在推断和想象中逐渐将他们的人格完善、升华了，这其实是非常不真实且不具有参考性的。可是人们还是习惯性地在名人自身出了状况之后，连带将其负面“晕轮”扩大到与之相关的事物上。这是典型的认识偏差和主观臆断。

其实不光是名人效应，如今不断变化、推陈出新的产品包装和广告创意也是如此。产品包装美观、新颖、夺人眼球，自然就有人因为对其外观的好感或好奇，产生了试一试该产品的念头。而有趣、特别的广告创意也是让人们记住该产品、购买该产品的有效宣传单。

这一效应利用了人们思维和心理上的偏见和片面性，理性和明智的消费者知道，外部的一切并不能代表产品本身，还是要用产品自身的质量说话。而对于现如今经济社会的商家而言，好的产品加上好的宣传，则是他们应该同步抓紧的有力手段。

第五章

善用心理博弈：社交就是人与人之间的人际心理较量

任何人之间的接触都是一种较量，即便只是一个手势、一个眼神、一句无心的言语都可能会影响到他人的心情，无论是外交活动还是商业谈判，言语的较量都还不是最激烈的较量，最激烈的较量往往存在于对手之间的无声的心理的较量。因此，在谈判或者人际交往中，运用好无声的心理策略，将会使你事半功倍，不需要撕破脸皮，不需要把话挑明，只需要小小地动下心思，你就赢了。

放出假动作，以混淆视听

公元前666年，公子元亲率兵车六百乘，浩浩荡荡，攻打郑国。楚国大军一路连下几城，直逼郑国国都。郑国国力较弱，都城内更是兵力空虚，无法抵挡楚军的进犯。

郑国危在旦夕，群臣慌乱，有的主张纳款请和，有的主张决一死战，有的主张固守待援。这几种主张都难解郑国之危。上卿叔詹说："请和与决战都非上策，固守待援，倒是可取之策。郑国和齐国订有盟约，而今有难，齐国必会出兵相助。但只是空谈固守，恐怕也难守住。公子元伐郑，实际上是想邀功图名讨好文夫人。他一定急于求成，又特别害怕失败。我有一计，可退楚军。"

郑国按叔詹的计策，在城内作了安排。命令士兵全部埋伏起来，不让敌人看见一兵一卒。令店铺照常开门，百姓往来如常，不准露一丝慌乱之色。打开城门，放下吊桥，摆出完全不设防的样子。

楚军先锋到达郑国都城城下，见此情景，心里起了怀疑：莫非城中有埋伏，想诱我中计？遂不敢轻举妄动，等待公子元。公子元赶到城下，也觉得好生奇怪。他率众将到城外高地眺望，见城中确实空虚，但又隐隐约约看到了郑国的旌旗甲士。公子元认为其中有诈，不可贸然进攻，先进城探听虚实，于是按兵不动。

这时，齐国收到郑国的求援信，已联合鲁、宋两国发兵救郑。公子元闻报，知道三国兵到，楚军定不能胜。好在也打了几个胜仗，还是赶快撤退为妙。他害怕撤退时郑国军队会出城追击，于是下令全军连夜撤走，人衔枚，马裹蹄，不出一点儿声响。所有营寨都不拆走，旌旗照旧飘扬。

第二天清晨，叔詹登城一望，说道："楚军已经撤走。"众人见敌营旌旗招展，不信已经撤军。叔詹说："如果营中有人，怎会有那样多的飞鸟盘旋上下呢？他也用空城计欺骗了我，急忙撤兵了。"

这就是中国历史上第一个使用空城计的战例。诸葛亮的空城计里实际上就运用到了以假动作来蒙蔽对方的方法，让对方产生怀疑，以至于不敢贸然采取行动，为自己的下一步计谋赢得了时间。所谓"兵不厌诈"，军事战略上就经常采用以假动作来扰乱对方视线的方法，让对方钻进已经设好的圈套之中，然后取得某个阶段的胜利。

商场如战场，在现代商业活动中，处处存在竞争，如何在激烈竞争中取得胜利呢？以假动作扰乱对方的视线，是其中的方法之一。

假动作分三种：一种是做一些表面上看来毫无意义甚至是愚蠢的事情来麻痹敌人，分散敌人的注意力，然后乘机行动；一种是以假动作来隐藏自己的实力，让对方掉以轻心，产生轻敌之意，待对方放松警惕之时，再趁机行动；还有一种是以一些假动作来激起对方的好奇心，使其猜疑，进而分散对方的注意力，缓解自己的紧张情绪。

假动作实际上就是障眼之法，让对方对我们产生错误的估量与判断，进而采取错误的应对方式，从而为我们在竞争中赢得有利的形势，在竞争中成功取胜。

暗示错误前提，使对方作出错误判断

一位心理学家做过这样一个心理学实验，他请一组大学生来回答以下两个问题：

瑞典的人口超过900万吗？

瑞典的人口有多少？

再请另一组大学生回答另外两个问题：

瑞典的人口超过2000万吗？

瑞典的人口有多少？

结果显示，第一组大学生回答的瑞典人口的数据都接近900万，而第二组人回答的瑞典人口的数据则都接近2000万。这是为什么呢？在心理学上，我们可以认为，问题前提的提出，会让对方在心理上产生相应的心理暗示，自己的判断也会趋近于前提。

我们在生活中也经常会遇到类似的问题，当我们在回答问题的时候会受到提出问题的角度的很大影响，如果问题中含有错误的前提，则会误导我们在回答时产生错误的判断。

有个女孩喜欢搞恶作剧。一次，她往一个透明的玻璃杯里倒入了半杯白酒，然后她拿起杯子问她的朋友："你们猜猜这个杯子里装的是什么？是雪碧还是矿泉水？"她的朋友有的说是雪碧，有的说是矿泉水，她笑着摇摇头，然后将水杯放下。这时，一个女孩从外面进来，看见杯子里的水说："这是谁的水啊，我正好渴了，可不可以喝啊？"喜欢搞恶作剧的女孩说："你要回答我一个问题，如果答对了，你就可以喝，如果你回答错了，嘿嘿，就不给你喝。"女孩看着她，示意她提问，她故作正经地问："你说里面装的是什么，矿泉水还是雪碧？"女孩心想，平时杯子里放的都是矿泉水，现在竟然要回答这个问题，肯定同以往不一样，于是她肯定地回答："雪碧！"喜欢搞恶作剧的女孩大笑起来，说："回答错误！不许喝啊！"女孩白了她一眼，故意不理她，拿起杯子就喝了起来，一下子就被呛到了，连连咳嗽地说："怎么会是酒啊？"喜欢搞恶作剧的女孩一副事不关己的态度说："告诉你不许喝了嘛，不能怪我呀！"

我们在思维中有个惯性，当一个问题的答案有两个选项的时候，我们通常会选择其中之一来作为我们的答案，而题目的答案却恰恰不是这两个选项，这是因为题目的选项常常会误导我们，让我们以为答案似乎就是其中之一。

人们之所以会被问题的选项所误导，是因为在长期的生活经验中，我们受到的就是那样的教育——答案总在选项中。这种长期的思维定式，让我们不敢进行创造性的思维，或者不相信自己的创造性思维。

了解人们以上的思维特点之后，我们也可以利用人类这种思维定式，通过暗示错误的前提，来使对方产生错误的判断，进而在与他人的较量中取得胜利。

鼓励对手多多表现，让其暴露自己弱点

当我们正与他人争执不休或者因为什么原因相持不下的时候，当我们希望引起他人注意的时候，暴露他人的缺点便可以转移他人的注意力，因为每个人对于他人的缺点总是非常在意的。

关羽“大意失荆州”的故事想必大家都十分熟悉。当时，东吴计划派吕蒙攻取关羽掌管的荆州。然而关羽早有防备，因而对荆州把守很严，吕蒙因此十分发愁。

此时陆逊对吕蒙说：“关羽自恃英雄，看不起他人，只是因为怕您攻打荆州，才会设下严密的防备。您如果假装称病，让一个名不见经传的小人物代替您的职务，再派人以卑微的姿态赞美和讨好他，他一定会骄傲自满，卸下防备。那时您再袭取荆州，还不是易如反掌吗？”

吕蒙听了非常高兴，于是二人依计而行，先是吕蒙假装重病，让名气不大的陆逊代替自己；接着陆逊派使者带着重礼和一封书信来拜见关羽，信中对关羽极尽溢美之辞。果然，关

羽完全没有把陆逊放在眼里，对方谦卑的姿态更是降低了他的警惕心。他很快撤掉了荆州的安防，于是吕蒙趁机出兵，夺取了荆州。一代“武圣”便这样败在了“捧杀”之术上。

在商业竞争中，两个竞争对手为了在竞争中取胜，通常都会从对方的薄弱处入手，抓住对方的弱点，并给以一击，往往能让对方心慌意乱，失了方寸，从而从中找到成功的突破口。

在20世纪70年代，百事可乐是可口可乐的主要竞争对手之一，在全球饮料市场上展开了激烈的竞争。然而，可口可乐在市场份额和知名度上一直占据主导地位。

为了改变这种市场格局，百事可乐在1975年推出了一项名为“百事挑战”的营销活动。这个活动通过盲品测试的形式，邀请消费者在无法看见品牌标识的情况下品尝百事可乐和可口可乐，然后选择自己喜欢的饮料。

结果，“百事挑战“营销策略取得了相当大的成功。由于大量的消费者在盲品测试中选择了百事可乐，这对可口可乐产生了巨大的冲击。百事可乐成功利用了可口可乐在产品口味方面的薄弱点，并将其转化为自己的优势。这一营销事件对消费者的认知产生了重大影响，百事可乐的市场份额也因此得到提升。

商场如战场，各个企业都想在竞争中站稳脚跟，把对手打败，每个企业都会把自己武装得严严实实的，让对方没有可乘之机。但是“智者千虑，必有一失”，当别人的策略看起来天衣无缝的时候，不妨耐下性子，等待时机，一旦对方的弱点暴露出来，就以迅雷不及掩耳之势，给对方沉重一击，这样便可击垮对方，给自己重新赢来优势地位。

在生活中，我们也可以利用诱导他人暴露出自己弱点的方式，来让自己在较量中取胜。人们的弱点通常是人们的软肋，弱点被暴露出来，就相当于自己的软肋被人逮住了，落人把柄，此时，人们通常都会心虚，攻击力也会减弱，有时为了避免自己的缺点被无限传播出去，人们会放弃与你继续较量下去。因而，让对手暴露出弱点，是击退对手很好的办法。

先用冷水降温处理，再用温水将其感化

“先用冷水降温，再用温水感化”实际上就是说，在与人交往的时候，先向对方施加威力，让对方对自己产生畏惧感，进而树立自己的威信，然后施以恩惠安抚对方，让对方放下戒备，抛弃敌对态度，从而达到收买人心的目的。

朱莉在一家房产公司干了好几年，好不容易被提拔为主管，然而，她在管理自己下属的时候却碰到了一个难题。由于自己的很多下属都是曾经和自己相同级别的同事，平时相处得也很融洽，以前大家经常在一起互开玩笑、互相打闹，彼此之间形成了相对不错的同事友谊。当朱莉当上主管后，那些原来的同事，还是以原来的方式对待朱莉，对于朱莉的话，不是很认真地听从，有时朱莉催得紧了，有些同事甚至当面驳斥朱莉，表现出不合作的态度，这让朱莉很苦恼。

后来，朱莉的上司找朱莉谈话，朱莉将自己的苦恼告知上司，上司告诉她首先应该在下属中树立起威信，不要害怕伤害同事友情，毕竟工作才是最重要的。于是朱莉改变了以往的

作风，上班期间，当下属在工作中出现失误的时候，朱莉会当着其他人的面，直接严辞批评犯错的下属，颇有故意给下属下马威的姿态；当有人不服的时候，她会直接告诉下属："如果我说得有错，你们可以向我的上司反映；如果我说得没错，请大家都自觉改正；有错不改，不服从领导的，可以辞职，另找他家。"于是，她的下属果然规矩了许多，工作比以前认真、积极多了，但是她发现下属正在疏远自己，这也不是她希望看见的。于是，每当午间休息或是下班之后，她又会放下架子，找下属聊天，请下属吃饭，说话时全然不像是一个上司，下属对她的态度也有所缓和。就这样，上班期间，她是个严厉、挑剔的上司，下班之后，她又是一个和蔼可亲的朋友。她跟她的下属之间保持着上下级和朋友的关系，下属愿意配合她的工作，也愿意接受她这个朋友。

朱莉在管理下属时，使用的便是先威后慈的方法。先放狠话，让下属看到自己对待工作的强硬态度，让对方产生畏惧感，从而不敢再懈怠工作，事后再施以恩惠，化解下属对自己的不满心理，让下属对自己的所作所为心服口服，这样下属便会在以后的工作中，积极配合自己，心甘情愿地接受自己的领导。

人们对于决定自己前途、命运的权力机构或是公共法律条例等具有广泛约束力的事物有一种天然的畏惧感，我们可以利用人们的这种畏惧感来威慑对方，瓦解对手的心理防线，从而在较量中取得主动权，让对方心甘情愿地配合自己。公安机关在审问时经常会碰到冥顽不化的嫌疑人，诱导其供认犯罪事实的方法之一，便是通过在心理上威慑嫌疑人，从精神上击溃嫌疑人，然后告诉其“抗拒从严，坦白从宽”的原则，来感化对方，从而使嫌疑人的心理防线被彻底攻破。当其心理防线被攻破的时候，破案就成功在即了。当人们在心理上被震慑的时候，人们的心理是非常脆弱的，这个时候只要以相应的好处来诱惑他们，他们就会像抓住救命稻草一样，舍不得松手，而且此时，无论提出什么要求，只要是能够避免他们所害怕的最糟糕的情况的出现，他们通常是愿意勉为其难接受的。

第六章

人际心理智慧：运用这些心理策略让彼此关系更和谐

每个人生活在社会中，都难免要和人接触，想要在社会中如鱼得水地生活，那就更要掌控好人脉资源，而一些心理学效应和心理学原理，对于人性的分析是十分透彻的，你如果能够掌握这些心理学的智慧，利用心理学原理为自己的人际关系服务，指导自己的处世行为，那么你的人生将会发生翻天覆地的变化。

三明治效应：批评也能顺耳

所谓三明治效应是指：在批评心理学中，人们把批评的内容夹在两个表扬之中，从而使受批评者愉快地接受的现象。这个批评策略就如同三明治，第一层对受批评者的优点或积极面表示认同、赏识、肯定、关爱，中间一层夹着建议、批评或不同观点，第三层则是鼓励、希望、信任、支持和帮助，使之余味无穷。正如我们常说的“欲抑先扬”，三明治批评法不仅不会挫伤受批评者的自尊心和积极性，还会使其积极地接受批评，并改正自己的不足。

卡耐基的得力助手约瑟芬，最初给卡耐基当秘书时只有19岁，那时她才中学毕业3年，顶多办事经验比同龄人稍多一些。在卡耐基身边的日子，她学到了很多，最终成为一个完全合格的秘书。

后来在《人性的弱点》一书中，卡耐基披露了他怎样把一个职场菜鸟培养成一个令雇主满意的员工。当他想让约瑟芬注意一个错误的时候，他常说：“你做错了一件事，但天知道，这事并不比我所犯的许多错误更坏。你不是生来具有判断能力的，那是由经验而为；你比我在你的岁数时好多了。我自己曾经犯过许多愚鲁不智的错误，我有绝少的意图来批评你和任何人。但是，你如果这样做，不觉得更好吗？……”

管理学大师卡耐基在指出约瑟芬的错误时运用的就是三明治批评法，这不但使对方很容易就接受了批评和指正，还为有这样一位善解人意、耐心提醒员工的错误、如师长般的人物感到敬意。懂得三明治式批评艺术的人，不但不会引起对方的不快和反感，反而会获得对方的尊重。三明治式的批评为何有如此大的效果呢？原因分析如下：

（1）去除防卫心理作用。三明治的第一层，使受批评者乐于接近批评者。在批评之前，率先表示亲切、关怀、赞美等，就可以制造友好的沟通氛围，并可以让对方平静下来安心进行交往对话。任何人都喜欢听好话，如果一开始就是直接的严辞批评，只会让对方本能地产生防御反应以保护自我。这种防卫心态一旦产生，对方就很难再听得进去批评意见了，哪怕他明知道那批评是对的，也可能因为这种自我保护机制而产生掩耳盗铃的心理。

（2）去除后顾之忧。前面提到的“超限效应”让我们知道，过度的重复性批评只会起到适得其反的效果。过分地一而再、再而三地批评，只会让受批评者感到厌烦、无措、心有余悸。不但达不到批评效果，还会使对方产生诸多负面心理反应，这恰恰阻碍了我们传达真实的指正意图的目的。而三明治法的最后一层就是为了去除后顾之忧而存在的。批评者给予受批评者的鼓励、希望、信任、支持、帮助，将使受批评者获得尊重和关注，从而积极地改正错误，重新投入学习和工作。

（3）给受批评者面子。批评不是目的，只是手段，批评在于改善行为。因此，方法很重要。三明治式批评，既指出了问题，又让人容易接受，而且不留下后遗症。三明治式批评不会伤害人的感情、不损坏人的自尊心，并且能激发人向善的心，使人的积极性始终维持在良好的行为上。比如你在指出他人错误后说“我相信你下次能做得更好”，简单赞赏的话是对对方的褒奖，能够给对方提供进步的动力。

三明治式批评是一门批评的艺术，是“欲抑先扬”和“打一巴掌给个枣”的综合，“欲抑先扬”给批评提供了良好氛围和开头，“打一巴掌给个枣”能防止对方产生反感和逆反心理，能够让对方产生被尊重和重视的感觉，相信批评者是真心实意地为自己着想，并愿意积极主动地改正，这也是避免因批评而与人产生矛盾甚至结仇的有效策略。

南风效应：以情动人

法国作家拉·封丹曾写过一个寓言，说的是北风和南风比赛威力，看谁能把行人身上的大衣脱掉。北风首先发威，来了一波呼啸凛冽、寒冷刺骨的攻势，结果行人为了抵御北风的侵袭，把大衣裹得紧紧的。接着南风徐徐吹动，行人顿觉风和日丽，暖意上身，于是解开纽扣，继而脱掉大衣，南风获得了胜利。这就是我们今天所说的“南风效应”。

虽然在传统观念中北风的威力更大，可事实上其强硬的手段并不能令人折服，反倒是温暖和煦的南风，在不知不觉间让人们主动脱了衣帽，此为“软”和“硬”的区别。南风效应属于“人际效应”的范畴，其核心在于“南风”在人际关系中，能够指导人们构建良好的人际关系平台。

“北风”和“南风”实际上是人们做人、做事的两种方式。北风式行事风格的人，遇事焦躁，不加三思，喜欢用粗暴行为横加干涉，常常因为激怒对方而造成一事无成；南风式行事风格的人则恰恰相反，他们遇事镇定，能够冷静地分析事情的利弊，充分考虑对方的感情。顺其意而后行之，采取和风细雨的方式，把工作做细做好，自然就能马到成功了。

无数实践证明，南风之柔和比北风之凛冽效果更佳，南风之法顺应了对方的内在需要，使人们自觉地改变自己的行为，是优化工作活动、提高沟通水平的一个重要方面。南风效应启示人们，以情感人，让人有如沐春风之感，比较容易达到良好的沟通效果。这是因为，人是感情动物，“投之以木桃，报之以琼瑶”，你对我好，我自然也愿意和颜以对，这是南风以柔克刚的力量。

相对于南风，北风行事缺乏积极情感，简单粗暴，极易伤害对方的自尊，有强迫和高压的意味，比较容易造成对方“口服心不服”的状况，也许这种方法能解决一时的问题，但就长远工作而言，容易使对方产生负面情绪，不利于今后工作的展开。

南风效应和北风效应是人们在生活和工作中十分常见的现象，比如在家庭教育中，如果父母对孩子采取高压政策，动辄怒骂甚至体罚，只会让孩子把“大衣裹得更紧”；而采取南风式教育就很不一样，它是根据孩子身心发展的特点，动之以情，循循善诱，积极引导，孩子也会主动“脱掉大衣”。俗话说“感人心者，莫先乎情”，南风效应的主旨就是以情动人、以情化人。

某个月夜，在山中茅屋修行的老法师散步归来，碰上一个小偷正从他的茅屋里出来。他知道小偷在茅屋里找不到什么值钱的东西，于是脱下自己身上的大衣披在惊魂未定的小偷身上，还说："你走老远的山路来探望我，总不能让你空手而归呀！"

小偷匪夷所思地惶惶离去。望着消失在夜色中的小偷的身影，老法师感慨地说："可怜的人呀，但愿能送一轮明月给你！"第二天早上，当看见那件披在小偷身上的大衣被叠得整整齐齐地放在门口时，老法师高兴地说："我终于送了他一轮明月！"

这就是南风效应的妙处。赠人"明月"并不难，只消少安毋躁，以暖动情。

南风效应带来的积极有力的效果，被广泛运用到思想教育工作和行政管理中，使其应用得当要注意以下几个方面。

（1）发自内心的关心。深入到对方的内心深处，关心、了解其实际需要和感受，帮其解决实际困难、化解不良情绪，以真挚的关怀和切实的帮助，激发对方积极向上的情感和挑战的勇气，促使其面对困难，迎难而上。以自身的热情去感染对方，制造奋发进取的工作和学习氛围。

（2）平等和谐的关系。北风“强势”，不得人心；南风和煦，感人以情。无论是教育、帮助，还是下达任务，都要尊重对方的人格和自尊，无端地批评指责、讽刺挖苦，或者颐指气使，都只会打击对方的积极性，埋下矛盾的种子。

（3）强调对方的主体地位。任何人行为的主导者都是自己，强硬和逼迫的做法是对对方有失尊重的表现，当人的尊重需要被剥夺的时候，如何还能积极效力呢？因此，正确的做法是，多一些鼓励、少一些打击；多一些赞扬、少一些责备，使对方能够积极发挥个人潜能和创造力。

（4）吹南风者自身的人格魅力。无论是教育者还是领导、上级，指导工作要具备南风般的素质和情操，以自身的人格魅力和能力打动人心，使对方对自己产生信任和尊敬之意，有利于形成共鸣和同感。

南风效应发挥的是感化的力量，但也不能温柔过度。不管是上司对下属的提醒，还是老师对学生的指导，无原则地迁就和爱护就是纵容。南风之情，重在理性，并且要一视同仁，方可温暖众人心，达到教育和指导的目的。

互惠原理：施予小恩惠，换来大回报

所谓互惠原理，是指人们在收到对方好处时，会试图以相同的方式给予回报。比如在筹集募捐前，给人们发送小礼品或者鲜花等物品，人们掏钱的可能性就会大大增加；免费试用品会使顾客购买该产品的概率大大提高，因为免费试用品也是一种礼品；如果在顾客买单的时候赠予他们糖果或口香糖，可以明显增加消费的数目等。这些都是互惠原理在起着潜移默化的作用。

心理学家做过一个实验。实验表面上是邀请两个人参加一次“艺术欣赏”，然后让两人一起给一些画作评分。但实际上，实验对象之一是心理学家的助手假扮的，而另一个人才是真正的实验对象。根据心理学家的设计，助手在实验中的行为有两种情况。第一种情况，助手在评分中间短暂的休息时间里，出去了几分钟，并带回来两瓶可乐，一瓶给真正的实验对象，一瓶给自己，并告诉实验对象：“我问他（主持实验的人）是否可以买瓶可乐，他说可以，所以我给你也带了一瓶。”第二种情况，助手没有给实验对象任何小恩小惠，中间休息后只是两手空空地从外面进来。但在其他方面，他的表现都一模一样。

当评分完毕后，主持实验的人暂时离开了房间，助手要实验对象帮他一个忙。他说自己在卖彩票，他如果卖掉彩票的数目够多，就会得到50块钱的奖金。接着他表示，想要实验对象以一张25分的价钱买一些彩票，“买一张算一张，但当然是越多越好了”。结果得过他好处的实验对象所购买的彩票的数目是另一种情况下的两倍。平均下来，在这种实验条件下，助手做了一笔很合算的生意：他的投资回报率达到了500%。

在上述实验结束后，心理学家让实验对象填写关于是否喜欢助手的问卷，结果发现，在未接受助手的可乐的条件下，实验对象购买彩票的数量与对助手的喜欢程度正相关。但在接受了助手的可乐的情况下，这种正相关关系完全消失了，也就是说，不管他们喜不喜欢助手，他们都觉得有责任来报答他，因此都买了较多的彩票。

在上述实验中我们看到，人们对于自己所受的恩惠，普遍具有偿还的念头，并且无论这恩惠是否是我们所需要的，只要收受了，我们就认为自己需要给予对方回报。

互惠原理之所以能够起作用，关键在于它使人们产生了难以忍受的负债感。无论是在公司管理还是销售活动中，互惠原理都被广泛运用着。比如，公司经常在各种场合或节日送核心员工及其家人一些小礼物，就会使得员工在心理上对公司产生负债感，从而在跳槽时产生犹豫。再如，推销员在推销产品的时候，告知顾客可以任意试用他们的产品且不要有任何负担。顾客在试用了大量产品后，一开始“占便宜”和好奇的心理就会被互惠原理的尴尬和不自在所取代，最终会买下他们已经试用过的部分产品。

互惠原理利用的人类的负债感，对每一个人来说都是一副迫不及待要卸下的重担。一旦受惠于人，就等于欠下了债务，这负债的感觉如同芒刺在身，让他们想要及早摆脱，并且人们时常会给出比自己收到的好处多得多的回报，以求尽快从心理的重压下获得解放。

互惠原理不但可以让人们答应一些在没有负债心理时一定会拒绝的请求，还能把提出请求者的印象完全掩盖住。比如即使是一个陌生人，或者是一个不讨人喜欢或不受欢迎的人，一旦他们在施予我们一些小小的恩惠后提出自己的要求，我们将很难说出拒绝的话。哪怕使我们产生负债感的恩惠并不是我们主动要求的，甚至是不请自来的，其恩惠的强加性也不能改变我们最终产生负债感的结果。我们接受恩惠的负债感削弱了自己的选择能力，把决定我们会对谁负债的控制权交到了别人的手里。也就是说，互惠原理使我们在接受了最初的恩惠之后，就失去了选择的主动权，而只能采取回报的方式。

此外，人们对互惠原理的普遍遵从性，使得那些接受了他人的恩惠却不打算回报的人，成为在人类社会群体中的不被欢迎者。虽然人们能在某种程度上，谅解那些由于条件或能力不足而不能回报他人的受恩惠的人，但一般来说，整个社会对不遵守互惠原理的人有种发自内心的厌恶，即使是那些喜欢给予却不给人回报机会的人，他们的奉献性并没有改变他们反方向破坏了互惠原理的事实，因此同样会造成人们的不悦和反感。

互惠原理认为，人们总是尽量以相同的方式来回报他人为我们所做的一切，一旦互惠关系不平衡，就会引起对方的不满。因此，太无私的奉献精神，有时并不能使我们的人际交往之路更加顺畅，反而可能成为阻止他人与我们靠近的枷锁。

遵循互惠原理就意味着受人恩惠就要回报，然而在现实中，有些回报是可以接受的，而另有一些对方所期待的回报却是会让我们为难或损害到我们自身利益的。因此，正确应对互惠原理，就要做到：恩惠用恩惠回报，诡计则不必回报。比如那曾经让你尴尬和为难不已的免费赠品，既然对方愿意给，而你对此并无购买意愿，那拒绝对方也没有什么不妥。因为对方期望从你这里获得更大的回报，这违背了互惠原理的公平原则，你仍然有选择的权利。决定是否要与对方互惠的重要一点就是，你要了解对方的建议是否是我们想要的，如果是，那就接受它。而且你得明确地知道，你接受的并非最初的馈赠者，而是这个建议本身。

面对互惠原理，聪明人不但能够不被其所缚，还能主动去利用它，与人相处，“先下手为强”，先一步为对方付出，将使我们获得交际上的主动权。

互悦机制：将心比心，化解成见

互悦机制又称为对等吸引率，即两情相悦——你喜欢对方，对方也会喜欢你。人们倾向于喜欢那些喜欢自己的人，这是人际交往中一种很自然的心理规律。比如在社会生活中，我们经常体验到，当我们得知自己喜欢的人真的喜欢自己的时候，我们对那个人的喜欢就会变得更深。

此外，心理学家又指出，互悦机制一旦产生，我们在心理上就会有与对方更加靠近的感觉，进而产生“自己人效应”，即：人们习惯于把自己喜欢同时又喜欢自己的人，划入自身认可的阵营中，会认为对方是与自己“一伙的”，因此也更容易接受对方的某些观点和立场，即使对方提出让我们为难的要求和任务，我们也不会轻易拒绝。

乔·吉拉德被称为“世界上最了不起的卖车人”，其成功的秘诀就是让顾客喜欢他。为了让顾客喜欢自己，乔·吉拉德常会做一些看上去完全是费力不讨好的事情。比如，他的1.3万名顾客在每个节日都会收到他送的问候卡片，虽然卡片的内容会随着节日的不同而变化，但卡片的封面上永远写着同一句话："我喜欢你。"

乔·吉拉德说："卡片上除此之外就没有什么别的东西了，我只是想告诉他们：我喜欢他们。"这简单一句话的回报就是：乔·吉拉德平均每一个工作日都会卖掉五辆车，其每年的收入超过20万美元，并且连续12年都赢得了"销售第一名"的称号，他也因自己绝佳的销售业绩被载入吉尼斯世界纪录。

乔·吉拉德之所以能够获得如此大的成功，就在于他运用了人际交往中最简单、最质朴，也最普遍的规律：喜爱引起喜爱，也就是互悦。乔·吉拉德抓住生活中各个恰当的时机去反复告诉自己的顾客自己喜欢他们，并且他从不迟到、从不遗忘的贺卡也使得对方相信了他的话，觉得这个推销员是真的喜欢自己，进而产生了互悦效应，也喜欢上这个亲切友好的推销员。

互悦机制的根本是，人们对于自己喜欢和认可的人或事物通常没有抵抗力，同样的一件事情或一个观点，如果是自己喜欢的人提出的，人们接受起来会比较容易；而假如是自己讨厌的人说的，则会本能地产生反感和抵触心理。这也是"自己人效应"的表现。此外，互悦机制和自己人效应一经形成，人际交往中的矛盾和冲突就会随之大大减少，也更利于建立良好的人际关系。

你希望他人如何待你，你就应该如何待人。在人际交往中，如果你想受到他人的欢迎，得到对方的认可和支持，仅仅提出良好的建议是不够的，尤其是对那些对你感到疏远、陌生，甚至是心怀敌意的人，即使你的观点很正确，人类自身情感上的偏见性也会使得他们对你说出拒绝的话。因此，要使对方与你站在同一战线上，最有效的方法就是让对方喜欢上你。那么，要如何做才能达到这一目的呢?

（1）先告诉对方自己喜欢他。这是互悦机制的基本观点：你喜欢对方，对方也会喜欢你。向对方表达好感，是对其表示认可的最直接方式，如同最真挚、最纯粹的告白，摒弃造作和刻意的成分，是最本真的情感表达。

但同时也要注意，这种直白的表达方式并非放之四海而皆准，其选择的对象很重要，比如当对方是个内向、严谨、多疑的人时，你的直接和不假思索可能会让对方产生误会，甚至认为你太过随便，或是有心藏奸；而对于那些性情大度、温和的人来说，你的率直表达是主动向对方伸出友谊的橄榄枝的标志。

（2）对对方表示赞赏和钦慕。每个人都有值得赞美的地方，关键是你是否善于发现。在人际交往中，挖掘他人值得称赞的地方，并真心地加以赞美，是让对方“喜欢你”最好的办法。被尊重和肯定的需要是人的高级需要，赞美无疑是满足对方这一高级需要的最佳方式。因为赞美对方就意味着你看到了他身上的闪光点，特别是当你赞美的恰恰是对方心里很看重、却被很多人忽略的部分时，对方会更容易对你“刮目相看”，进而对你产生好感。

赞美的方法有很多，但无论是哪一种，真诚都是最重要的。过度赞美只会给人夸夸其谈和溜须拍马的印象，反而容易适得其反。因此，要让他人喜欢你就不要吝啬赞美之词，但也一定要拿捏好度，赞美不是糖衣炮弹，而是醉人和风，给人舒适、愉悦之感，进而使其喜欢上带给自己这种感觉的人。

（3）肯定对方认可的事物。这其实就是认可对方的兴趣和品位，而你对此表示认可，就说明你与对方有着相似的性情和偏好，这是间接地向对方表达喜欢的方式，就好像在说：“你喜欢的东西我也喜欢，看，我们是不是很像？”比如对方十分爱护动物，你对他的这一行为表示赞同，或者表示你也是个爱护动物的人，这会让对方产生被尊重和认同的感觉，进而对你“另眼相待”。

互悦机制启示人们：人与人相处，应该将心比心，以心换心。你想要他人喜欢你，就一定不要吝啬自己的感情，真挚、正面的感情应该是发自内心的，并且是相互的。因此，当我们抱怨别人对自己疏远或怀有敌意的时候，不妨先考虑一下自身的问题：我是否也是发自内心地喜欢对方呢？如果是，那一定要让他知道，因为这很可能是改善彼此关系的良好契机。

甜柠檬心理：接纳自己，发挥自身优势

众所周知，柠檬味酸微苦，对肠胃刺激性大，极少用来直接食用，即使做成柠檬汁，也要稀释过才可入口。因此，柠檬怎么可能是甜的呢？除非食用者违背事实，硬要自己相信柠檬是甜的。

心理学上将这种自我安慰现象称为“甜柠檬心理”，即：当个体所追求的目标受到阻碍而无法实现时，为了保护自己的价值不受外界威胁、维护心理的平衡，当事人会强调自己既得的利益，淡化原来目标的结果，以减轻失望和痛苦。比如，有人考研失利，被迫进入社会，他告诉自己：“本来就没那么想上，早点儿工作可以多积累经验、多赚钱，比继续在学校当‘书呆子’好多了，再说了，读完研不还是要工作吗？有什么好的！”再如，大过年的不小心打碎了花瓶，长辈们马上说“岁岁平安”，或者因为被人忽悠，而花了高价买了某件不值这个价的东西，我们可能对自己说“权当花钱买个教训”。

甜柠檬心理是个体在遭受挫折、无法达到目标、不能满足愿望时，为了减轻痛苦、保护自尊，而采取的心理防御措施。甜柠檬心理就是尽可能地寻找各种理由，将原本不接受的事物合理化，自圆其说，暗示自己接受，以求心里好过一点儿。甜柠檬心理是人的心理应激机制在起作用，从心理健康的角度来讲，有一定的积极意义，因为它在某种程度上的确给了个体一个另眼看实物的角度，可以起到缓解消极情绪的作用。

甜柠檬心理并非让人们在面对挫折和困难时，寻找逃避现实的蜗牛壳，因为自圆其说永远都不能真正地战胜挫折、解决矛盾。而是启发人们冷静、客观地分析达不到目标的原因，重新选择目标，或改进努力方式，同时要认清自己的优势和不足。对于自己所拥有或正在经历的一切，即便是看上去是劣势或让人沮丧的事物，也要学会接纳。努力找到其中的积极之处，做到扬长避短，这才是甜柠檬心理的正面效应。

人的一生不可能始终顺风顺水，总会有这样那样的状况成为我们前进之路上的绊脚石。摔倒了，你要怎么办？是自怨自艾地哭泣，还是从此停滞不前？再或者，爬起来，拍拍衣服上的尘土，告诉自己："幸好有这块石头的提醒，下次我可要注意脚下了！"对于已经发生的，我们已不能改变，沮丧、懊恼、失望，这些负面的情绪都于事无补，只会阻碍我们继续前进。聪明人会选择最有价值的态度，重新站起来，找到问题的症结，以求将后面的路走得更好。寻找失败的积极面，这正是甜柠檬心理的意义之所在。

芝加哥大学的校长在介绍自己成功的秘诀时说："我一直相信西尔斯总裁罗森华的观念：如果你的手上有一个酸柠檬，不要立刻吃掉它，因为它是酸苦的，但是如果你将其做成柠檬汁，则是非常可口的。然而，事实上，真正能够做到这一点的人非常少，现实生活中的人们总是反其道而行。例如，当有位朋友送给他们一个柠檬，面对朋友的好心，他们必须吃下它时，这时人们的心里通常会想：'完了，我为什么要承受这种折磨！'可他们如果是聪明人，他不仅不会这样想，他还会对此表示感谢，并开始寻找做柠檬汁的方法。"

甜柠檬心理不是教导人们逃避问题，而是启发人们努力寻求将不好的事物变好的方法。它的前提是，勇敢承担你所遭遇的残酷现实，坦然面对事情的真相，认清并接纳自己，并从中掌握解决问题的方法。

甜柠檬心理将挫折合理化的作用，使我们避免了心理挫败感和情绪上的沮丧消沉，同时要防止以"甜柠檬"来寻求心理安慰，从此得过且过的消极姿态。在学习和工作中，有些人在面对挫折时，习惯文过饰非，为自身所受挫折找寻各种借口，明明知道自己的缺点和问题却不能正面、理性地面对，这不仅不利于问题的解决，还会导致个体自我萎缩，自信心和奋进意识逐步降低，最终形成恶性循环。事物皆有两面性，我们既要防止甜柠檬心理的负面效应的侵害，又要认识到其正面效应——引导人们发现事物发展的积极面，寻找将柠檬由“酸”变“甜”的方法，以求更好地面对人生。

这世上不存在完美的人，也没有一无是处的人。任何人都有强于他人的优点和长处，不要总拿自己的不足去对比他人的优势；看到自己的缺点和弱点，并不意味着要从此为之消极；找到你比别人高明的地方，利用并完善它，同时积极修正自身缺陷，发展出一个更好的自己。

第七章

心悦诚服，如何快速说服对方的心理博弈

当我们想要使他人同意我们的观点或者接受我们的意见时，往往要不遗余力地使出浑身解数，说尽千言万语，虽然最后未必成功。这就涉及一种说服他人的技巧，如果能够熟练掌握说服他人的心理策略，有针对性地进行说服，那么成功的把握就会大大增加，当然很多技巧还是要在实际运用中去熟悉。

多说对方熟悉的话语，让其产生安全感

人们总是对于自己熟悉的人或事有种天然的亲切感，诸如“同姓三分亲”“老乡见老乡，两眼泪汪汪”等，这种亲切感可以拉近彼此的距离，增进彼此的感情。例如，你在国外留学的时候，周围的人都说的是外语，突然有个人跟你用母语打招呼，你会倍感亲切，而且无论对这个人的了解有多少，你总是会更愿意去信任对方，当对方向你寻求帮助的时候，你也会因“同是天涯沦落人，相逢何必曾相识”的惺惺相惜之情，尽力帮助他。

因为人们对于熟悉的人有种天然的亲近感，所以我们可以利用这种亲近感来跟他人进行很好的沟通，进而说服对方。然而，要想说服他人，首先要让他人知道自己正在说些什么。很多时候，除非你能引用他人的经验让他理解你所说的话，否则，他甚至都不知道你在说什么。比如，你想告诉他人一个标准足球场的大小，你可以跟学校的学生说，它大概有几个他们学校的操场那样大，你也可以告诉街上的人它有几条街

道长、几条街道宽，街道要是他们熟悉的。因此，与不同的人交流时，要想方设法地运用对方所熟悉的语言，使其能迅速理解你说的话。

一次，许多摄影记者把石油大王洛克菲勒的儿子和三个孙子包围住了。本来他们是出去旅行的，洛克菲勒的儿子不想让孩子们的照片曝光。为了让那些摄影记者扫兴，同时又达到自己的目的，他就想方设法让他们主动同意他的意见。他不把他们当摄影记者，而当成一位父亲或将要做父亲的平常人，与他们交谈着，他合乎情理地提出自己的意见："把小孩子的照片登在大众读物上对儿童的教育是不利的，你们将来也不希望这样的事情发生在你们自己的儿子身上吧？"这些记者也认为他的想法是十分有道理的，最后就很客气地告辞了。

洛克菲勒的儿子巧妙地让摄影记者从自身的角度出发，启发他们意识到把小孩子的照片登在大众读物上对儿童的教育是不利的，从而让他们主动放弃原来的想法。

电话机的发明者贝尔，有一次去筹款，他来到大资本家斯贝特先生的家里，希望斯贝特能够给他正在进行的新发明投点儿资。但他知道斯贝特是一个脾气古怪的人，而且向来对于电气事业不感兴趣，也不甚了解。正当他一筹莫展时，他发现斯贝特的家里放着一架钢琴，于是他找到了说服斯贝特的切入点。这天，贝尔去斯贝特家拜访，他希望这次能够成功说服斯贝特。他刚开始并没有说明自己的意图，没有像其他人一样告诉投资人他会获得多少利润，也不向其解释科学原理。他只是坐在钢琴旁，弹着钢琴，忽然停止，然后对斯贝特说："你可知道，如果我把这脚板踩下去，要这钢琴发一个声音，这钢琴便也会重复发出这个声音来。这事你看有趣吗？"斯贝特觉得这很有趣，便放下手中正在阅读的书本，好奇地询问贝尔，然后贝尔详细地向他解释了和音和复音等电话机的原理。这场谈话的结果是，斯贝特心甘情愿地负担了一部分贝尔的实验经费。

贝尔将其新颖的想法混合于平常熟悉的事物之中，从斯贝特熟悉的钢琴出发，将自己的想法巧妙地展示给斯贝特，从而让斯贝特产生兴趣并主动负担了他的部分实验费用，达到了说服斯贝特的目的。

当你想让他人对你感兴趣并相信你时，你应该从他们的经验和需要入手，渐渐接近他们，用他们习惯的语言表述你的想法。这不仅需要你使用他们熟悉的词语，还要你使用他们熟悉的语法习惯。如果想引起他人的注意，首先应该使其产生好奇心。越是富有戏剧性、出乎意料的东西，越能达到理想的效果。

提出的建议，要迎合对方的心理

当我们向他人推销或是向别人提出某个建议时，首先要通过各种途径来了解对方的心理和想法，然后依据对方的心理需求来组织语言。比如，当你向别人推荐一款保湿的化妆品时，如果对方的脸上皮肤很白，但是毛孔粗大，你可以这样说："毛孔粗大是因为皮肤缺水，皮肤水分充足了，毛孔就会变小了，这款产品保湿效果很好，可以帮助你补充皮肤水分。"而当你遇到一个满脸痘痘的顾客时，你可以这样说："皮肤长痘痘一方面是没有做好皮肤清洁，另一方面是因为水油失衡，皮肤水分不足，油脂分泌过旺，就会阻塞毛孔，毛孔被堵住了，痘痘就起来了。其实，只要将皮肤水分补足了，水油达到平衡了，就能改善皮肤状态，避免脸上长痘痘了。这款产品的补水效果挺好的，很适合你。"同一款化妆品，同样的功效，你若能从对方的角度考虑，根据对方的心理需求来组织语言，暗合对方的心意，便能让对方满意。同样的，如果化妆品销售员不会迎合顾客的心理，顾客明明是想祛斑，他却推荐顾客用保湿的；顾客明明想除皱，他却使劲儿地向人推荐美白产品，其后果不仅是不能将产品成功推销出去，还可能引起顾客的反感甚至投诉。

那么，我们如何使自己的建议暗合他人的心理呢？这就要将心比心，换位思考。假如被说服的人是自己，自己会怎么做呢？将自己放在对方的立场上，想想看如果自己就是对方，哪种方法会更容易接受一些呢？如果我们在向他人提出建议之前能够将心比心地思考一番，那么就能够了解对方的情绪及心意，便能顺着他人的心意来组织自己的语言。那时，效果便会更好一些，更能让对方接受自己的想法。

有一位编辑向一位名作家邀稿。那位作家一向以严肃且难以对付著称，所以这位编辑在去他家之前，既紧张又胆怯。那次，他跟那位作家的交涉果然没有成功，因为无论编辑跟作家说什么，作家都说“自己很忙”“没有时间”，再加上作家本人面相看上去就很严肃，这让编辑有点儿沮丧又无可奈何，于是他打算结束这一次拜访。突然，他脑海中闪过一篇被刊登在某杂志上的、描述这位作家近况的文章，于是，就对作家说：“先生，听说您有篇文章被译成英文在美国出版了，是吗？”作家猛然倾身过来说道：“是的。”“先生，您那种独特的问题，英文不知道能不能完全地表达出来？”“我也正担心这点。”接着他们滔滔不绝地说着，气氛也变得融洽起来，最后作家答应为编辑写篇稿子。

当这位编辑跟那位作家讨论他目前最在意的那篇被发表在外国杂志上的文章时，作家便来了兴趣，这是因为编辑的话题恰恰迎合了作家的兴趣，迎合了作家的心理关注点。当作家看到编辑关注自己时，便会在心里对编辑产生好感，因而愿意与编辑继续交谈下去，以至于答应了编辑的约稿请求。

说话时能够掌握他人的心理，根据对方心理来说话，不失为一种高超的说话艺术。生活中，很多人在说话的时候，只顾自己一时的口舌之快，完全不考虑对方的心理情况，不顾及对方的心理需要，从而失去了他人的好感，让他人远离了自己。职场中，也有很多人在说话时，不注意了解对方的心理，不关心、不观察，从而白白失去了发财致富的机会。谈话是一个双方沟通彼此的桥梁，心灵的沟通远比口头的交谈更加重要。一个人要想表达一个观点，不仅需要用文字表述出来，还需要别人去揣摩他内心真实的想法。因此，在日常生活或工作中，无论是想赢得他人友谊还是希望说服他人接受某个建议，一定要迎合他人的心理，那样对方才不容易排斥，才更容易接受。

激发对方的好奇心，让其主动自愿地接纳你的观点

人的本性是不满足，好奇心就是人们希望自己能知道或了解更多事物的不满足心态。苏霍姆林斯基说：“人的内心有一种根深蒂固的需要——总想感到自己是发现者、研究者、探寻者。”现实生活中的每个人都有好奇心，都有探求未知世界的欲望，好奇心是一股强大的力量，有时候，自己即便知道不应该去探求，不应该去窥探自己不该知道的东西，但是就是忍不住想要去探听，想要去了解，连自己的意志力都无法控制，所以有人说“好奇害死猫”，也并不是无稽之谈了。

好奇心会驱使人们去做一些自己原本不愿意做的事情，我们也可以利用人们的这种好奇心来说服他人，让他人心甘情愿地接受我们的意见或要求等。当你能很好地利用这点时，那么你在说服他人的方式上，又习得了一个技巧。

我们在生活中或许有意无意地使用过这个技巧。例如，你希望在节假日的时候邀几个朋友一起去玩，可能有的朋友因为别的原因不太想去，或者有的觉得去不去都无所谓，有的比

较懒，不愿意出门玩，觉得在家门口溜达也挺好的，但是你非常希望这些好友能够一起去享受快乐、热闹的假日，顺便跟朋友增进一下感情。总之，你决定无论如何一定要将这些朋友聚集起来，一起出去玩。这时候，你可以这样告诉你的朋友们："你们都来吧，我找到一个特好的地儿，保证能够让你们满意的。"这时朋友们会问："什么地儿啊？"你就说："去了不就知道了！"或者你也可以这样说："我发现有个饭店的菜特别好吃，你们一定得过来尝尝。"当朋友们问你："有多好吃啊？什么菜啊？"你可以这样说："现在不告诉你，去了就知道了。"然后，你的朋友们一个个都被你说得好奇心大发，都希望一睹为快，于是你的目的就达到了。

很多推销员或是商场销售人员也常常利用激发他人好奇心的方式招徕顾客，他们在与顾客见面之初，并不是直接向顾客说明情况或提出问题，而是故意讲一些吊人胃口的话，将顾客的注意力吸引过来，让顾客觉得他们将要说的是对自己有好处的话，如果不听或不理他们就是一种损失似的。

一个推销员在刚从事推销业务时，由于不懂技巧，经常被人拒绝，有的时候，甚至是未等自己把话说完就被对方轰走了。他很不甘心，决定去找经验丰富的推销员同事请教，希望他们给自己一些建议。一位业绩不错的老推销员告诉他：

“你最好想个法子去吸引别人的好奇心。”他回去想了想这句话，于是决定改变策略，照着同事给的方法试一试。一天，他向一个多次拒绝过他的顾客递上一张纸条，上面写道：“请您给我十分钟好吗？我有一个生意上的问题想征求您的意见。”这张纸条诱发了那个顾客的好奇心，他想：“他到底要向我请教什么呢？”就这样，推销员被邀请进入办公室。

原本不愿意理睬推销员的那个人，在推销员改变策略，勾起他的好奇心之后，便被说服了。可见，利用他人的好奇心来说服他人是一种不错的方法，当你屡次遭人拒绝的时候，不妨试试看。

当你说服不了别人的时候，利用他们的好奇心来说服对方，往往会取得出奇制胜的效果。当然，使用这个方法时，还要注意，千万不要使用过度或者让其变成耍花招，因为一旦他人发现自己上当了，就会有种被欺骗的感觉，会对你产生失望感甚至是恼怒。所以在运用这个方法时，一定要站在对方的立场上，为对方的利益着想一番，要把握好一个度。

苏霍姆林斯基说：“求知欲，好奇心——这是人永恒的、不可改变的特性。哪里没有求知欲，哪里便没有学校。”每个人都有探求未知的那种好奇心，这是人类的特性，是永恒的、不可改变的事实。当人们发现了一个问题，却没有得到解决的时候，人们往往会有一种焦虑的感觉，都希望将这个问题解决掉而后快。因而，当你想吸引他人的注意的时候，制造一个悬念，比如，一个屋子里的人们各自都在忙各自的事情，你希望获得他人的注意力，你可以放大声音说："大家注意了啊，我有个好消息要告诉大家。"有没有发现，现在大家手中的活都停止了，目光都转向你？因为你的话语已经激发了大家强烈的好奇心。

想要他人心甘情愿地听自己的话，或者希望他人能够接受自己的意见或要求，不妨想个法子激发他人的好奇心。

投其所好地说话，对方更易被说服

投其所好就是要寻找到对方的兴趣所在，然后从对方的兴趣着手，向对方提出你的一系列建议、意见或请求，从而让对方心甘情愿被你说服。每个人都有自尊心，都希望被人关注，投他人所好正是为了满足他人的这种自尊心，让他人有种被你关注的满足感，这样对方便会打消对你的顾虑，从而对你产生好感。这种站在他人的立场剖析问题，投其所好的方法，通常有一种极强的说服力。

某精密机械工厂生产某项新产品，将其部分部件委托小工厂制作，当该小工厂将零件的半成品呈示总厂时，不料全不符合该厂的要求。总厂负责人只得令其尽快重新制造，但小厂负责人认为他完全是按总厂的规格制作的，不想再重新制造，为此，双方僵持了许久。总厂厂长见到这种局势，在问明原委后，便对小厂负责人说："我想这件事完全是由于公司方面设计不周，而且令你吃了亏，实在愧疚。今天幸好是由于你们帮忙，才让我们发现了这样的毛病。只是事到如今，事情总是要解决的，你们不妨将它制作得更完善一点儿，这样对你我双方都是有利的。”那位小厂负责人听完，欣然应允。

总厂的厂长不愧是一个聪明的说客，他懂得人类在乎自尊的心理，因而没有正面指责小厂，反而站在小厂的角度来考虑问题，并将自己的意思婉转地转达给对方：这件事是我们设计不周在先，才让你们制作出了错误的零件，让你们蒙受了损失，现在我们发现错了，请你们重新制作一批零件。这样，不仅达到了自己的目的，还保全了对方的面子，可谓是双赢。

在生活中，无论是与人交谈还是求人办事，投其所好就是最佳的捷径。如果你能投其所好，说的话就能深入人心；如果反其所好，只会招来对方的厌恶，为自己带来一些不必要的麻烦。很多成功的推销员都用过这样的方法来打开消费者的心扉，开启财富的大门。

有位汽车推销员，为了推销手上的进口高级车，专程拜访了一位企业家。可是，刚开始见面，他并没有谈有关车的事，反而先拿出儿子的集邮册，原来他儿子与企业家的儿子是同班同学，他知道企业家总是不辞辛劳、乐此不疲地替儿子搜集邮票。所以就用这件事当话题，两人很快就有了共同语言，并且谈得很投机，最后在快要告辞时稍微提了一下车子的事，当然很顺利地就把它卖出去了。

推销员经常要跟陌生人打交道，而所交往的人都是自己潜在的客户，投其所好是陌生人间消除隔阂的最佳方式。上述那个汽车推销员正是从企业家的爱好入手，成功地取得了企业家的信任，赢得了企业家的好感，从而说服企业家购买了自己的汽车。

不光是推销员，所有的人在日常的生活中，只要与人打交道，希望获得他人好感或是希望自己的意见或要求能够得到他人的认可，都可以采取投其所好的方法，因为每个人对于迎合自己、取悦自己的人总是不那么排斥的。而懂得投他人所好的人，也更容易赢得民心，取得成功。

美国总统罗斯福是历史上相当成功的政治人物，他在与人交往时，就深谙其道。看过罗斯福总统传记的人都会惊讶于他的社交能力。无论是牧童、农民、劳工，还是政治人物、商业巨子，都能和罗斯福谈得很投机，这其中到底存在什么秘诀呢？其实也是很简单的，因为他深知获取人心的捷径，就是谈论他人以为最值得谈的事。罗斯福无论接见谁，也无论那个人地位高低，在前一晚肯定要预先阅读对方感兴趣的谈话资料。所以，所有见过他的人都会对他有很好的评价。

罗斯福很会利用投其所好的方式收买人心，他是美国历史上最受欢迎、最得民心的总统之一。可见，投其所好在收买人心、说服他人上，具有很大的威力。

与人打交道时，懂得投对方所好，是一门高超的人际交往技巧，付出不多，却可以为自己赢得好的人缘，在群众中树立威望，也让自己的话更有分量，让他人更容易接受自己。各行各业的人，人际交往中处于不同地位的人，都可以采用这种方法来解决生活及工作中的诸多难题。不仅政治和商业领域适用这一方法，处于家庭关系中各个成员，也可以互相投对方所好，来改善或融洽彼此之间的关系等。

投其所好，可以解决生活中的很多矛盾、问题，投其所好的好处，归根结底还是为了让对方认同自己、喜爱自己、赞同自己。投其所好，会使说服对方的可能性大大增强。

要说服他人，就要运用让人信服的说话方式

对于同一件事情，有的人向我们传达的时候，我们不相信；有的人向我们传达的时候，我们将信将疑；而另一些人传达给我们的时候，我们则坚信不疑。为什么会有这样大的差异？原因是什么？我想这可能是因为他们传达信息的方式不同，有些人的说话方式容易让人信服，而有些人的说话方式却很难让人信服，这就是他们之间的不同，这种方式的不同，导致效果也相差万里。那么，我们在说话时如何才能让他人更加信服呢？

首先，说话者自己要自信，要对自己说出去的话，或者作出的承诺做出一种肯定的姿态。自己相信自己说的话，才能让别人也信服你说的话，如果连你自己在说话时，都不相信自己，或者一副底气不足的样子，怎么能够指望别人会信服你呢？

古罗马凯撒将军某次率兵出征，到达一座山顶，下面是一座广阔的山谷，山谷的对岸山峦起伏，敌军便潜在其中。凯

撒欲趁太阳未落之前，发动进攻，于是他便下令布置军队。负责管理信鸽的士兵对他说："报告将军，预备队的500名士兵在距此16公里的地方，而号兵则在南方60公里处，信鸽仅剩下一只了，是不是让它去联系预备队？"凯撒回答道："战争胜利的关键，不在于人多，而在于士气。让信鸽去联络号兵，只要号兵把号吹响，便可振奋士气，士兵就会奋勇向前，快去叫号兵来。"

一个人的勇气、信心，可以鼓舞到其他人，让他人对你产生信服感，从而使他人服从你。而人们一般对于能够激发自己大胆行动的人，都会自动地服从，就像军号可以鼓舞士气一样。因而，一个人自信的说话方式，也会让人产生一种信赖感。

其次，要有一个真诚的态度。只有态度真诚才能打动人心，如果你在说话的时候，能够让对方感觉到你的真诚，那么，你就更容易获得他人的信任。

一个推销员每天按照自己经理的要求向顾客介绍产品的好处，他厌倦了这样的说话方式。一天，当有顾客光临的时候，他在介绍产品优点的同时，也非常真诚地介绍了产品的缺点，顾客听完之后，什么也没说就走了。经理非常生气，决定解雇他。正当推销员带着行李走到门口准备离开的时候，那位顾客又回来了，他身后还带着一些人，这些人都准备买他的东西。这些人都是冲着那个推销员来的，就因为推销员的真诚。

其实，一个人说的话可不可信，从他的态度真不真诚就能区分开来，人们往往更喜欢说话真诚一些的人，即便他的意见有瑕疵，他推荐的产品有些许缺点，大家也会因为信任他而接受。

再次，说话时，尽量从对方的角度考虑，多考虑对方的心情及利益关系。只有让对方感觉到你在乎他、关心他的利益，对方才会由衷地感激你、信任你。

有一个化妆品导购小姐在向客人推销化妆品的时候，有自己的一套方法。她不像其他人一样，一个劲儿地夸奖自己的产品有多么好，也不会像跟屁虫一样，追着顾客问："你需要什么化妆品，我来给你介绍吧？"当顾客来时，她总是微笑着说："请您慢慢挑选。"当顾客向其咨询的时候，她总是根据顾客所需，推荐适合顾客的产品，而不是一味地推荐贵的产品；当她看见顾客的皮肤不好时，总是会心疼地跟对方探讨护肤经验，这些都让顾客很感动，因而她的业绩总是最好的。

当人们感觉到对方关心自己的切身利益时，便会将对方看成是自己人，自己人说的话，当然比外人说的话更具说服力。

最后，以退为进的说话方式，也在某种程度上具有意想不到的说服力。

有个计划需要实施，必须说服主管同意。对于这个计划，另一个同事也很赞同，愿意在说服主管的时候支援一下。于是，两个人就到了主管的办公室，其中一个人首先做了大致的论述，主管思考片刻，就问另一个同事："你觉得怎么样？"然而，那个同事却说："两个提议都不错。"于是，主管只答应着："考虑考虑。"就让他们两个出去了。其中一个人想：他的回答真让人气愤，明明说是要支援自己的，怎么来了又变卦了？这到底是怎么回事儿？真是个不守信用的人！然而，第三天下午，主管表示同意了。原来另一个同事在表示出什么都好的态度后，又去找主管谈了下，最后将主管说服了。

上述那个同事在说服主管的时候，先退一步，让主管觉得自己是深思熟虑的，没有偏袒哪一个，因而，当他再次向主管提出自己的意见时，主管便更容易相信他。试想，如果他们两个人同时说哪个决定好，说不定会让主管觉得两个人是串通一气，逼他就范，这必然会引起主管的反感，到时候再想说服就难上加难了。

在试图说服他人的时候，不同的说话方式，产生的效果会有所不同，有的时候甚至是大相径庭的。因而，要想说服别人，让别人心甘情愿地接受你的意见或是要求，则需要讲究一定的说话方式，好的说话方式，才能让人信服。

借助第三方之口来说服对方

生活中的我们，通常都有点儿崇尚权威。例如，你的朋友穿着一身新衣，当他问你这身新衣怎么样时，你可能一时无法回答，因为每个人的审美趣味、爱好的风格不同。而当他告诉你那是某个国际品牌时，你可能会突然觉得：哇噻！是挺不错的！当他告诉你这是花几十元在市场买来的便宜货时，你可能会在心里想：也就那样吧，凑合着穿吧。同样是一件衣服，为什么我们会有两种截然不同的看法和感觉呢？其实，这就是存在于人们内心的一种追求名牌的意识，一种崇尚权威的表现。

几乎所有人都有崇尚权威的意识，有些人甚至到了迷信、狂热的程度。让我们通过以下例子来了解一下。

一天，天空中没有太阳，天气闷热，小A站在窗前自言自语："看这天是要下雨了。"小C说："你怎么知道的？"小A说："看外面天气就知道了。"小C摇摇头说："不可能会下雨，昨天晚上还星星满天呢！"这时小D跑了过来，瞅瞅天气说："今天会下雨。"小C又问："你怎么知道啊？"小D说："我朋友说的，他是学气象学的。"小C若有所思地附和说："哦，专家说的啊？那我赶紧出去把鞋子收回来。"

当我们想要说服一个人的时候，不妨使自己的话更有权威性一点儿，可以在讲话中多引用权威人士的话语，可以用权威人士或权威机构的观点来作为自己的论点，这样自己语言的说服力必然会增强很多。

环绕地球一周的麦哲伦之所以能够成功地获得西班牙国王卡洛斯一世的帮助，据说就是利用了人们崇尚权威的心理。当时，自哥伦布航海成功以来，许多投机者或骗子为求得资助频频出入王宫。麦哲伦为表明自己与这些人不同，在觐见国王时特地邀请了著名的地理学家路易·帕雷伊洛同往。帕雷伊洛将地球仪摆在国王面前，历数麦哲伦航海的必要性及种种好处，最终说服了国王卡洛斯一世颁发航海许可证。但在麦哲伦等人结束航海后，人们却发现了他对世界地理的错误认识及他所计算的经度和纬度的诸多偏差。

有的时候，人们会因为某个权威人士的话或者权威机构的认证而忽略说话者的话语可能存在的错误，他们听话的重点似乎已不再是到底是否可行或者是否正确，而是因为它是权威，所以即便自己很怀疑，也要说服自己去相信。卡洛斯一世国王只是因为那是“专家的建议”而认定帕雷伊洛的劝说值得信赖，并没有过多地考虑理论正确与否。可见，权威对一个人作出判断及决定的影响是很大的。

人们大多迷信称谓，知名人士的评价或权威机构的数据会使人不由自主地产生信任感。一个执拗己见的人，和他怎么讲都说服不了他，当你告诉他这是某个权威人士的论断或是某个权威机构的统计数据时，他就不会再执拗了。在我们身边，这样的例子比比皆是。比如，

“据全国著名心理学家分析……”

“据某个知名学者说……”

“据世界公认的最具权威的某某学术杂志称……”

其实，我们在生活中都有意无意地利用着这种“权威”论断，以此来增加自己说话的分量，提高自己的吸引力以及对于他人的说服力。因为大部分人一接触到权威的气息，便会立即放弃自己的主张或信念，转而去迎合权威的说法，这样他们自然而然就被说服了。

不管你以前有没有用过这种“权威”论断，这种方式在说服他人的时候确实是屡试不爽的，相信你在用过之后，就会感受到它为你带来的成功的喜悦。

第八章

虚虚实实，隐藏自己真实内心的心理博弈

在人际交往当中，你要把自己的真实想法隐藏起来，让对手无法窥探你脑子里在想什么、将要做什么。当别人从你身上得不到任何有用、有价值的信息之后，就给你设置不了障碍，你就可以顺利地去做你自己想做的事情。隐藏自己真实想法的心理策略能保护自己，而且只有先保护了自己，才能战胜别人。

守护好自己的底线，隐藏自己的真实动机

有些人，不管做什么事情，都大张旗鼓，生怕别人不知道。事情还没有做呢，早已经传得沸沸扬扬。实际上这是一种非常愚蠢的做法。

别人知道了你在做某一件事情，如果你做好了，当然会得到大家的赞扬，如果你做不好呢？被人羞辱和耻笑，别人的冷嘲热讽会像雪花般飘过来，弄不好甚至会成为别人茶余饭后的谈资。如果有人和你存在利益竞争，自然会给你不断地设置障碍，增加做事的难度，最后把你挤出利益竞争的圈子。

王明在一个偶然的机会下结识了一个开发公司的副总，两人关系非同一般。大学毕业后，经过副总的介绍，王明顺利地来到这个开发公司上班。二人私下约好，不让任何人知道他们的关系，所以在公司里，他们之间很少接触。

进入公司后，王明凭借着自己的努力，在短短的两年时间内，将公司的销售额翻了两番。到了第三年年初的时候，部门的销售主管引咎辞职了。王明对这个职位已经渴望

很久了，但是，另外两个销售天才也是虎视眈眈地盯着这个空缺。

为了让对方知道自己的“后台”，从而知难而退，王明时不时地在一些公开的场合故意暴露自己和副总的关系，并动不动指责他们这没做好，那没做好。殊不知，他们是总经理一手提携上来的，也有“后台”。

结果可想而知，总经理批评了副总，副总心里非常憋屈，撒手不管，势单力薄的王明自然不是对手，在最后的角逐中，败下阵来也是预料之中的事情。

事实上，依靠王明本身的实力，再加上副总在后面斡旋，他原本很有可能当上销售主管，但是王明耍起了小聪明，结果聪明反被聪明误。如果当初把自己的真实动机隐藏起来，这样对方就不会把他当作强敌一样对待，自己暗地里再加把劲儿，再加上副总的大力援助，得到主管这个职位也是有很大可能的。

老鹰在捕食的时候，总是把自己的爪子隐藏在羽毛当中，等接近猎物的时候，才会突然把爪子伸出来，可谓是百发百中。如果爪子事先暴露在外面，不但会增加飞翔的难度，还会惊动猎物，从而大大提高了失败的概率。

同样，做事情的时候，要尽可能低调一些，将自己的真实动机隐藏起来，等时机成熟了之后，再作出适当的决定，只有这样，才能把握住局势，免受不必要因素的干扰。

有一群孩子在一位老人家门前不停地踢一块旧铁皮，刺耳的噪声让老人寝食难安，几天过去了，孩子们似乎永远不厌倦。老人忍无可忍，但是他并没有出去和孩子们理论。

这天，他走出家门，给了每个孩子2块5毛钱，并且对他们说："孩子们，谢谢你们在我家门口为我奏乐，以前没有这些声音，我是多么的孤独啊，你们让我觉得很开心，这点儿钱拿去买零食吃吧。"

孩子们非常高兴，第二天按时来到了老人的家门口，这次比以前踢得更欢了，结果老人出来，每人给了1块5毛钱，并一再地解释自己没有退休金，只能少给一些。孩子们明显不高兴，但还是接受了。

第三天，老人只给了每个孩子5毛钱。

孩子们非常生气，他们叫嚷着说："一天才给5毛钱，我们这么辛苦，实在不划算。"他们一边抱怨，一边头也不回地走了。

从那以后，再也没有孩子去踢老人家门前的旧铁皮了。老人重新过上了安静的生活。

老人是想让孩子们不要再踢铁皮了，但是他并没有把自己的真实意图告诉孩子们，而是用付报酬的方式，让孩子们觉得不划算，而不愿意踢了。要是老人一开始要求，甚至是乞求孩子们不要踢旧铁皮了，让他们安静，孩子们肯定不会听他的话，甚至会踢得比之前更凶。

把自己的真实动机隐藏起来，要有点儿城府、有点儿心机，不要随便把自己的所思所想一览无余地告诉别人，这样别人就不会了解真实的你。即使想要为难你、想要陷害你，也会有所顾忌。事实上，善于隐藏自己的人才能赢得别人充分的尊重。

只有把自己的真实动机隐藏起来，你才能更好更快地接近目标。生活中是这样，职场中也是如此。同事之间往往存在着“你死我活”的争夺，稍微一不留神，将动机暴露出来，将会给你的工作带来很大的压力，大家伙一起给你设置障碍，你再想有骄人的业绩，是不可能的。

掩藏自己的动机无疑是走向成功的必备条件。尤其在商场上，竞争非常激烈，如果让对手知道了你的销售底价和营销策略，那么，你很快就会被挤出市场。所以，可以这么说，隐藏自己的动机就是打败对手最好的方法。

不必针锋相对，有时候可以转移话题

在一个高档商场内，一位营业员向顾客介绍服装，顾客说：“款式确实不错，可惜价格也太贵了。”

这位营业员一听，马上接着说：“我们的款式是专业设计师根据今年的流行元素设计的，布料是纯棉的，穿着很舒服，而且我们是传统老店了，质量绝对没问题。”

那位顾客只是嫌服装的价格贵了点儿，但是这位营业员接过话头，将交谈的重点转移到了服装的质量上，岔开了对自己不利的话题，模糊了对方的焦点，有效地把对方的注意力引到对自己有利的方面。

生活中，我们接触交往的人有各种各样的性格，有时候之所以固执，是因为觉得别人没有办法理解自己。事实上，为什么非要把自己的意志强加给别人呢？很多时候我们都需要像这位营业员一样机智。适时地将交流的话题引到没有矛盾的地方，尽量去和别人探讨共同感兴趣的东西。

有些问题，你问了对方可能不愿意回答，或者对方比较敏感，警惕性很高，问了也问不出来，这时候，就要转移注意力，让对方放松警惕，然后在和对方的交谈中套出话来。

有两个人来告官，原告说对方欠了钱不还，而被告却说对方在诬陷自己。两人各执一词，县官一时之间也不知如何是好。这时候，师爷站了出来，问原告："你说对方欠你钱，当时你借给他的时候是在什么地方呢？"

原告说："在溪边的一棵大树下。"

师爷点了点头，继续说："那你去拿两片树叶来作证，我想它们会告诉我事实的真相。"

众人一听，以为师爷糊涂了呢。但是，看师爷胸有成竹的样子，也就暂且听他调遣。

原告去了之后，被告则依然在公堂上，不过谁也没理他。县官继续审理别的案件。大约过了半个时辰，师爷突然问被告："他现在走到那棵树了没有？"

被告不知是计，回答说："依我看，还有一段路呢。"

师爷说："大胆刁民，你既然没有借过原告的钱，那你怎么知道他所说的那棵树在哪里呢？你分明是在抵赖，还不快从实招来。"

被告这才发现自己不小心露出了狐狸尾巴，只好承认了自己所犯的罪行。

故事中，师爷知道当时再问下去也问不出来什么，于是，他把破案的焦点转移到了树叶上，让被告放松了警惕，之后，与被告谈了一些无关紧要的话题，等被告露出马脚之后，再转换到案子上，从而使被告束手就擒。

有时候，交流的双方就某一个问题，针尖对麦芒僵持起来的时候，转移话题来避开问题的焦点不失为一个好办法。比如，女朋友不停地追问，你到底爱不爱她的时候，你不妨对她说："你的裙子真漂亮。"这样对方就会和你讨论裙子在哪里买的，多少钱等问题，而不再纠缠在到底爱不爱的问题上。再如，和你关系不错的一个同事一个劲儿地追问你，可以拿多少钱的工资，你可以告诉他："我们上大学的时候，宿舍里有个哥们儿，特别好玩……"

一般情况下，当你避开话题，不愿意交谈的时候，对方也会知趣地不再追问，但是有些时候别人就是非要揪住你，打破砂锅问到底，大有问不出来誓不罢休的态势，这时候你就要学会避实就虚的策略。告诉对方一个模棱两可的概述，既回答了对方的问题，又没有泄露出任何隐私。

比如上面那个问题，同事追问你工资多少，说了肯定不利于公司内部的团结，不说同事又一个劲儿地追问，这时候你就可以说："就两三千块钱呗。"两三千块究竟是多少，谁也不知道哦，有可能是2000元，有可能是3900元。事实上，这个区间很大，说了等于没说。

转移话题来避开问题的要害，在生活中也常常用到。很多做销售的业务员，在跟客户初次交谈的时候，由于对方和业务员不熟悉，便一口回绝了，很多刚做销售的人，被拒绝之后就走了，但是一些精通此道的业务员则不会走，他们会留下来和客户拉家常，聊天儿，等混熟了，自然而然就会把合同签下来。业务员避开合作不合作的焦点问题，而是谈一些与此无关的别的话题，当时机成熟的时候，再把注意力转移到合作的问题上来。

生活中，当你遭到别人的拒绝之后，不要轻易地放弃，要学会转移对方的注意力，事情是变化发展的，只要你不放弃总会有机会。

暂隐锋芒，不要急于展现自己的聪明才智

有一个5岁大的孩子，当别人同时拿出5毛钱和1块钱，让他去拿时，孩子都会选择5毛钱。于是，大人们就觉得孩子傻，居然不知道1块钱比5毛钱的面额大。

有一个外地来的人听说了这个小孩，他不相信真有这么傻的孩子。于是他找到了孩子，同样拿出5毛钱和1块钱让孩子选择，结果孩子真的选择了5毛钱。

外地人觉得不可思议，他问孩子："难道你真的不知道1块钱比5毛钱能买更多的东西吗？"

孩子小声地说："我当然知道了，但是如果我选择了1块钱，以后就没有人跟我玩这个游戏了。"

事实上，小孩并不傻，可以说是聪明绝顶，但是他宁愿装作愚钝的样子去选择5毛钱，因为他选择了5毛钱，就会有人不断地来测试他，这样他就能不断地得到5毛钱。如果他选择了1块钱，那他得到的也仅仅是1块钱。他把自己装成傻孩子，傻孩子当得越久，他就拿得越多。这就是孩子的大智若愚

哲学。

在聪明人面前装糊涂，让自己永远处于“弱者”的角色上，让别人忽略自己，从而更好地保护自己，也方便以后处世，这才是真正的大智若愚。但是，扮演弱者并不代表自己真的什么也不知道。

在聪明人面前装糊涂，可以避免不必要的尴尬，在愚蠢人面前装糊涂会得到认可和肯定，在上级面前装糊涂会避免打压，在同事面前装糊涂可以避免受到排挤，而在下级面前装糊涂可以得到下级的爱戴和拥护。唯一一点必须记住，在需要你发挥才能的时候，一定要竭尽全力地把事情做得尽善尽美。

所以，生活中要学会低调一些，不要锋芒太露。的确，才华显露能在一定程度上证明你的能力，但是也容易引起别人的嫉妒，给自己带来不必要的麻烦和压力。很多才华横溢的人，往往一辈子无所成就，就是因为他们没有在明争暗斗中隐藏自己的实力，而是把自己置于靶子的中心，完全被斗争的内耗所累。

当然，并不是说有才也要完全装着，这个时代已经不是“是金子就会发光”的时代，适当表现自己的才华也是很有必要的，至少让“伯乐”有机会相中你这匹“千里马”。但是，一定要切记，显露才华要适可而止。该表现的时候表现，不该表现的时候千万别表现。

为人处世要谦虚，不要一味地恃才逞能。很多事情，对于你来说非常容易，但是对于别人来说未必简单，切不可“知之为知之，不知为不知”，在这种情况下，就算你知道了，也要假装不知道，给别人个机会，让别人也能表现一下，即使别人没有你做得好，也要给予肯定。事事都想自己表现，你的虚荣心满足了，但是别人的自卑感却更加强烈了。

李华是一家软件公司的编程人员，他思维开放，能说会道，而且非常聪明，不管是老板还是同事都非常欣赏他。一有重要事情，老板总是让他去做，他也从来不谦让，而且觉得自己能力出众，应该得到重用。

李华不但一个人独自垄断了老板下派的所有任务，还经常去抢下派给别人的工作，他总是说：“这个活太难了，还是我来做吧，你做我不放心。”一次两次，大家都觉得没什么，可是时间久了，便引起了同事们的强烈不满。

渐渐地，同事们再也不愿意和他说话了。但是，李华觉得自己并没有做错，谁让他们没本事呢？没过多久，部门主管辞职了，公司高层决定采用民主投票的方式，让员工选择自己的领导。李华觉得这个主管的职位非他莫属，因为在全公司，他的学历最高，能力最强，甚至起着顶梁柱的作用。

但是，最后的投票结果却让李华大失所望，除了自己给自己投的一票外，其余同事没有一个给他投票的。新上任的主管把李华肩上的重任给完全卸了下来，总是让他去做一些鸡毛蒜皮的小事。至此，李华总算明白了过来。一个人能力再强，若不会处理人际关系，终究是自绝后路。但是，为时已晚，李华不得不委屈地离开了。

李华非常有才，但是他不懂得顾及别人的感受，一味地恃才逞能，他的内心得到了极大的满足，但是别人的内心却遭受了严重的羞辱和摧残，他的过于强势，让同事们感觉到自卑和没用。

所以，即使你才华横溢，也要适当收敛一些，不要到处张扬炫耀，要给别人一个展示才华的机会。每个人都希望有个自己的舞台，不要轻易剥夺别人的这个权利。你剥夺了别人的权利，别人自然会拼了命地挤对你、排斥你。

揣着聪明装糊涂才是真正的聪明，事实上也只有这样，才能在错综复杂的人际关系中存活下去。所以，你如果是才能出众的人，就要学会有意无意地卖点儿“傻”，学会隐藏自己的锋芒，这样才使人觉得亲近，更容易让人接受，也更能让自己生存下去。

巧用虚拟法，以迷惑对方

当一个人的所思所想和所作所为被别人参透之后，是件非常可怕的事情。对方参透了你的心思，意味着你将要受到别人的控制，如果对方是你职场上的竞争者，那么你势必会输得很惨，如果对方是商场上的对手，说不定你会赔得倾家荡产。

有一个做煤炭生意的老板，经过好几年的打拼，终于开了自己的煤炭卖场。可是毕竟是小打小闹，店面上只有他一个人在经营。

煤炭老板时刻想着如何将自己的生意圈扩大，但是他的卖场非常简陋，一些大的企业根本不愿意和他合作。一时之间，他非常苦恼。

一次偶然的机会，煤炭老板在网上和国内著名煤炭企业的董事长取得了联系，两人经过一番交谈，取得了彼此的信任。于是，对方派人来考察煤炭老板这边的投资环境。

煤炭老板积极活动起来，他四处筹钱，在市里最高档的酒店里订了包间，然后去租借了一套名贵西服，把自己装扮得像个阔老板，随后又租借了一辆豪华轿车。

等对方代表来的时候，他用轿车把对方接到了酒店，盛情款待，喝的是高级的洋酒。对方一看，煤炭老板安排的这次会面十分讲究，资金硬件设施自然没的说。

对方走后，煤炭老板迅速将跑车和名贵西服归还，这一顿花掉了他四处筹借来的不少钱。但是，对方回去之后，很快就将投资合作的资金打了过来。煤炭老板利用这些资金迅速筹建了自己的公司，在短短半年之内，就完全达到了对方预想的规模。

煤炭老板只是用西服、轿车、高级酒店包装了自己一下，而这些装扮出来的派头确实也蒙蔽了对方的眼睛。一般人都会想，这么有钱的派头，说没有钱谁信呢。煤炭老板就是利用了虚拟的手法，成功地让对方对自己产生了好感，从而促使合作成功。

事实上，生活中有时候确实需要把自己隐藏起来，过多地暴露自己的实情，对一个人、一个企业的发展都没有好处。当你没有任何秘密的时候，也就是你最危险的时候，就如同案板上的鱼，任人宰割。

俗话说：“眼睛是心灵的窗户，一个人的眼神会暴露内心的秘密。一些精于人事的人都有一种观察别人眼睛的能力：眼神飘忽不定，说明内心有鬼；眼神坚定，说明对方胸有成竹。

因此，要想隐藏自己的心思，就要锻炼自己稳定的情绪，发生高兴的事情不要喜，发生痛苦的事情不要悲，无论发生什么，情绪一定要稳定，只要对方从你的举手投足间观察不到什么，从你的表情和眼神中得不到任何信息的时候，就是你最安全的时候。

所以，在人际交往中，要适当地低调一些，学会让别人去忽视自己。当你的对手紧盯着你不放的时候，要适当地放一些烟幕弹来迷惑对方；当对方不知所措的时候，你就能很好地牵制别人的注意力，从而为自己营造有利的环境。

古代，有一位将军非常勇敢，他带兵打仗，无往不胜，而且箭射得非常准，常常杀得敌兵落荒而逃。

有一天，皇帝派出的信使在途中遭到了几名敌兵的袭击，将军知道后，带领着少许骑兵前去追赶，追出了二里地之后，将敌兵追上，杀了两个，活捉了一个。正当他们准备回营的时候，突然发现不远处有几千敌兵缓缓地向这边走了过来。

就在这个危急时刻，敌兵也发现了将军一伙人，但是他们发现只有几十个人，以为是诱饵，不敢贸然进攻，随即，敌军摆开阵势，观察动静。

将军的随从非常惊慌，想骑马逃命，这时候将军说："我们和敌人相距这么近，只要我们一跑，他们肯定会拼命追赶，我们人少必死无疑。"说罢，命令随从卸下马鞍，躺在草地上休息。

天渐渐黑了，敌人害怕有伏兵，便悄悄地撤走了，将军和随从们也飞奔上马，拼命逃了回来。

将军故意在敌人面前装作休闲放松，让他们疑心重重不敢贸然进攻，最终得以全身而退。如果当初将军拼命逃命，对方知道了真实情况，那么将军势必要血染沙场了。可见，做出假动作，隐藏自己的实力，让对方对自己一无所知，这样，别人就不敢对你轻举妄动、指手画脚了。

俗话说"知己知彼，百战不殆"，要想战胜对方，首先要清晰地了解对方的实力。同样，要想保全自己，一定要伪装、隐藏好自己，千万不要让对方知道自己的真实状况、真实想法。有时候，为了转移别人的注意力，可以采取一些迷惑性的措施，让对方产生错误的判断，从而得以保全自己。

"明修栈道，暗度陈仓"，用虚拟法让对方对你的实力产生错误的判断，当对方不知道你的真实情况，不了解你的真实意图时，就不会贸然采取行动，不会对你构成威胁，这样更有利于你去做想做的事情而不受任何干扰。

适时沉默，让对方不明就里

在生活中，如果有东西是你想要而无法得到的，你可以表现出你的不屑，甚至装聋作哑，你显露出越少的兴趣，就越显得优越，也越会让你的对手不知所措。你对对手付出越多的关注，也就等于让他越强大，如果你花很长时间去歼灭这样一位敌人，就会让对方看起来十分庞大。

新龙公司的王总是个非常聪明的人，平日里寡言少语，但是处理起突发事件来，冷静沉着，满脑子的智慧。

这天，一个客户闯过了保安的层层阻拦，一脚踹开了王总办公室的门，拍着桌子大声叫骂，王总停下手中的工作，一言不发，静静地坐在那里，任由来人撒泼。

对方气焰非常嚣张，似乎要把王总生吞活剥了，叫骂了十几分钟，对方手也拍疼了，嗓子也吼得干裂了。王总始终没有说一句话，只是微笑着望着对方。见王总始终微笑着，一脸和蔼，对方无可奈何地坐在一边喘气。

王总亲自起身为来人倒了一杯水，点了点头，示意他继续。对方喝了一口水，站起来头也不回地走了。而王总就像什么也没发生一样，继续开始工作。

本来，客户是想跑来和王总大吵一架，发泄心中的不满和怨气，但是王总的沉默让他无计可施，最后不得不失望而归。客户不但没有达到让王总受辱的目的，而且倒把自己弄得狼狈不堪。事实上，客户越撒泼耍赖，就会让自己变得越加虚弱，而一直沉默不语的王总则会变得越加强大。搬起石头砸了自己的脚，客户只能落荒而逃。

沉默的艺术是将对方踢来的皮球踢给对方，让对方一个人在那里表演。

事实上，我们在生活中，难免和别人发生口角，当别人不依不饶地向你发起进攻的时候，不妨学学故事中的王总，以沉默来应对挑衅，想想当对方的希望在你身上得不到体现的时候，该是多么的气愤和难堪。要么对方付出双倍的愤怒，再向你发泄一次，要么灰溜溜地败下阵去，根本用不着你去和他理论。

把握好沉默的艺术，把自己的真实想法隐藏起来，让对方琢磨不透，无形之中会给对方一种压力，因为无法得知你的想法，所以对方会产生一种错觉，从而不由自主地去怀疑自己，最终不得不在你面前屈服。

这也就是很多高手比武的时候，彼此都不敢轻举妄动，谁先动，谁就会先暴露弱点，给对方以可乘之机。所以，一般他们都会站在原地，观察、感觉，等确定好对方的实力之后再动手。往往这个时候比拼的是双方的心理。

在谈判的时候也是如此，对方了解你越多，你失败的概率就越大。反之，当对方对你不了解的时候，往往不知道你的底价，当你沉默不语的时候，他们就会不断地给自己施加压力。而他们的压力越大，你的底价便会越高。

王先生在一次意外的车祸中失去了一条腿，给家人带来了沉重的打击。但是好在王先生早给自己买了保险。

事故发生之后不久，保险公司派出代表来和王太太谈理赔的事。

起初在王先生投保时，并没有说具体怎么赔偿，只是约定如果发生意外，看造成的伤害程度定理赔金额。

当保险公司的代表找到王太太，和她谈判的时候，王太太没有说一句话，只是冷冷地坐在一边。

保险公司的代表开出了价码，他说："王太太，根据我们的调查，公司一致决定赔付王先生10万元。你觉得怎么样啊？"

王太太什么也没说，只是冷漠地望着窗外。

保险公司的代表只好说："你要是不满意的话，我们再加10万元，20万元你觉得怎么样呢？"

王太太依然没有说话，只是沉默。

保险公司的代表急了，继续加价，30万，40万……

王太太始终没有说话，最后保险公司的代表将理赔金额提高到了50万元。

这时候，王太太依然没有说话，只是拿起笔签了字。

事实上，王太太对保险公司的代表一开始开出的价钱并没有不满意，只是她的丈夫残疾了，心情不好，所以没有说话，而保险公司的业务员则以为王太太对理赔的金额不满意，所以一而再，再而三地加价。

这就是沉默的力量，它可以把你的心思严严实实地隐藏起来，从而让别人一无所知。而只有将自己的所思所想严实地包裹起来的人，才会在说话、做事的时候游刃有余，而不至于受制于人。

人对未知的事物都有一种恐惧感。人与人之间也是如此，当你第一次和某个陌生人单独待在一起的时候，就很尴尬，事实上就是一种内心的不舒服，一种内心的恐惧。沉默让所有人对你一无所知，让别人的攻击和嘲笑在你面前变得无法实施。事实上，世界上最厉害的武器，莫过于沉默。

开口就充满自信，让对方产生错觉

很多时候，人与人谈话的内容并不能代表对方的真实意图，尤其是谈判的时候，双方谈话的态度和口吻会形成相应的气场，如果你的气场能压过对方的气场，那么双方的谈判就成了你一个人的表演，对方只有点头称是的份儿。但是，你的气场如果不强大，势必会被别人牵着鼻子走。

尽管有些时候，你的实力没有对方强，但是并不代表没有竞争胜利的机会，因此与对方接触谈判的时候，一定要自信，要有底气。说不定，你义正词严的一番理论，会让对方觉得你会玉石俱焚。这样一个鱼死网破的结果，对他们来说不但无益，还会惹上不必要的麻烦。

战国时期的蔺相如，带着和氏璧去和秦王交换十五座城池，可秦王把和氏璧捧在手里，压根不提交换的事情。

蔺相如知道，秦王并不是真心想要用城池交换和氏璧，于是撒了个谎，对秦王说和氏璧有瑕疵，秦王信以为真，把和氏璧还到了蔺相如的手里。

蔺相如拿着和氏璧站到了柱子边上对秦王说："大王想要用十五座城池交换和氏璧，可是我把和氏璧交到了大王的手里，大王却始终没有提及城池。于是，我断定大王并不是真心想交换。"

秦王一听急了，站了起来说："你说你这个人啊，着什么急呢，我这不是正在察看吗？"

蔺相如往后退了一步说："大王不要轻举妄动，否则我的脑袋和这块和氏璧一起开花。"

秦王无奈地说："你不要着急，咱们有话好好说。"

蔺相如哈哈大笑："晚了，我不和你交换了，你不讲信用。"

秦王无奈，只好让蔺相如回去了。就这样，秦王的诡计没有得逞，蔺相如成功地将和氏璧带回了赵国。

蔺相如做了个假设，如果你逼我，我就把这个宝贝摔碎，我也死在这里，这就给秦王造成了一种压力。事实上，如果秦王来硬的，蔺相如也未必敢把和氏璧撞碎，但是也不是没有可能。蔺相如就是用这种严厉的口吻跟秦王说话，给秦王造成了一种错觉：这个人在玩儿命。秦王非常想得到和氏璧，宁愿拿十五座城池交换，所以他害怕和氏璧真的被打碎。

所以，不管在职场中还是在商战中，和对手过招，一定

个人满腹牢骚地表达对你的不满时，倾听是最能解决问题的途径。

上例中的布鲁默正是通过倾听，化解了他人内心深处的不满，从而达到了自己的目的。由此可见，在人际交往中，面对那些反对的声音，如果我们能够做到细心聆听，一定会对我们有所帮助。

通常情况下，当一个人内心存在反对意见时，如果没能得到及时宣泄的话，可能会引起情绪上的不满，因此，面对这样的人，最重要的是让他及时把心中的愤懑之情尽情发泄出来。绝大多数人在受到委屈的时候，内心深处会产生一种幻觉，而且受虚荣心的驱使，他们会过分夸大自己的愤怒之情，这个时候我们所能做的就是用心聆听，让他用语言把内心大部分的怨恨给发泄掉。等到他内心的怨恨发泄得差不多的时候，再来谈及当前的话题，他便不会表现得过于强烈。如果谈话一开始我们便表示出自己的同情和尊敬的话，很容易让他们感受到我们从内到外的真诚与尊重，接下来，他们便很容易接受我们的意见和建议。

采用这种心理策略，不仅可以让对方从心理上接受我们，还可以为我们解决问题争取思考的时间。当他人在那儿抱怨时，你可以利用这段时间好好地聆听他的真实意图，从而找到其中的破绽，在自己的脑海中想出对策。从这个层面上讲，当双方出现分歧的时候，我们更应该耐心听完他人的抱怨，而不应该一上来就急于表达自己的观点，非要与对方争个高低。如果想在社交场上平息反对的浪潮，双方顺利达成合作关系，那么不妨尝试一下这个方法。

耐心倾听他人的抱怨，不仅可以体现出对人的尊敬之情，而且可以从倾听中获得有用的信息。一个聪明的人，只能从根源上阻止发生反对意见的机会，但是当反对意见不可避免时，一个成功的人明白通过耐心倾听，可以化解他人内心的不良情绪，从而帮助自己更好更快地完成任务。

不与争辩，始终操控谈话方向

人际交往中，我们会因为各自不同的立场、身份、地位及受教育程度，对同一件事情产生不同的想法和看法。这个时候，你无论是想表达自己的见解，还是想满足自我表现欲，与他人发生争辩，都不是一件明智的事情。即便实际情况真如你所说的那样，但是由于自尊心的驱使，也不会让对方轻易地承认，甚至可能会导致双方关系的破裂。当我们遭遇反对声音的时候，如果你只是想通过雄辩来证明自己的观点的话，肯定是行不通的，应该运用一些心理策略去获得对方的认同。因此，想要成功地说服对方承认自己的观点，就应该尽量避免争辩。

现实生活中，不少年轻人性子急，遇到一点儿小事总喜欢争辩，说话总喜欢驳斥对方。比如，当别人发表自己的看法时，他们会立马打断别人，甚至一口把别人的观点给否定了，然后自己开始大谈特谈，于是双方进入激烈的争论阶段，都恨不得把对方驳斥到求饶才肯罢休。有时候遇到双方性格都比较好强的，这种争辩马上就演变为争吵。无论处于何种情况下，争辩都是一件伤感情的事，会让彼此感到交流起来不痛快。因此，为了使双方平和地交流下去，我们应从心理上说服他人服从自己的看法和观点，具体来说，可从以下几个方面做起：

（1）给予他人说话的权利，让他人充分表达自己的观点

人际交往中，说话不能总图一时之快，为了表达自己的观点，从而紧握发言权，畅所欲言。那样的话，既不能有效地说服对方从心里接受你的意见，相反，可能会引起对方的抵触情绪，从而拒绝这样的交流继续进行下去，最终受损失的可能还是你自己。因此，要学会从心理层面掌握对方的信息，使其从内心接受你的观点。这就要求交流时，无论对方持什么样的观点，我们都要让对方充分表达自己的看法。只有当你弄清楚对方要表达的意思后，才能针对他的看法，分析出其中破绽，从而提出对自己有利的反对意见，轻松地让对方选择和你站在同一条战线上。你如果只是满足于自己的夸夸其谈，很有可能已经被对方掌握了反驳你的有力证据，这样的话，何谈能够说服对方。

同时，如果你一开始便把对方压得死死的，不让对方有发言的机会，那只会给双方增加不必要的误解，为双方交流设

置障碍。

（2）双方谈话时，要把握谈话方向，就事论事，不能把话题引向人身攻击

双方在发表自己的见解时，要尊重对方，让对方发表完自己的看法。如果双方意见不一，可以各自表达自己的观点，但是要注意语气和语速。同时，要保证话题不会向外引申，杜绝人身攻击。正确的交流方式应该是就事论事，不把矛头指向人。每个人都有自尊心，如果你连起码的尊重都不能给予，更谈不上打动对方的内心。如果不能遵照这一点的话，势必会引起对方心理的不满，从而造成对方心理上更大的误解，也不利于对方接受你的意见。因此，只有在尊重对方的前提下，有条理地阐述自己的观点和见解，才能打动对方，让对方从心理上接受你的意见，达到社交目的。

（3）当胜负已经揭晓后，要快速地从角色中转换出来

如果我们无法避免一场争论的话，那么就尽可能地避免伤害双方的感情。当双方的辩论一结束，要尽快从刚才的那个角色中转换出来，双方握手言和，冲淡刚才的紧张局面，否则不利于双方今后的交往。即使对方获得胜利，也没关系，应该重新审视你的观点，认真思考对方的道理，从而得出正确的结论。绝对不可以因为一时的面子而耿耿于怀，影响以后的工作

进展。

在人际交往中，要明白争辩并不是目的，重要的是双方能够达成共识。因此，一旦谈话中出现争辩的苗头，就要立马喊停，如果继续争下去，对双方来说不见得是一件好事。目前情况下，最重要的是找到一个中间点，使得双方都可以接受，以便达成共识，从而有利于双方共同解决问题。

转移话题，暂避僵局

交际场上，我们经常会听到反对的声音。如何处理这些反对意见，让对方能够理解并承认我们的观点？除了谈话时尽量做到心平气和以外，还应该掌握一些小技巧。有哪些技巧可以帮助我们处理他人的反对意见？这节主要讲通过转移话题的方法来处理反对声音。

在双方交谈过程中，难免会因为某些外在因素而出现分歧，如果双方都各持己见的话，必然会出现僵局。尤其当双方的条件过分悬殊，彼此都不愿意舍弃自己的利益，就可能会因此而无法交流下去。如果这个时候，双方仍然围绕这个话题谈下去的话，肯定不会有任何进展，因此，巧妙地转移话题便是一个很好的方法。通过恰当地转换话题，可以使气氛得到缓和，也可以使当前的交流顺利进行下去。另外，我们可以在接下来的谈话中，通过一些其他的途径，说服对方接受自己的观点，达到社交目的。转换话题的要领，在于巧妙、自然、适时地将对方的注意力从原来的话题引至新的话题。而成功地运用这个要领的关键，则在于交谈双方对新的话题应当有较多的共同语言。因此，转移话题时应注意以下几个方面：

（1）转移话题的时机

在双方交谈的过程中，转移话题的时机比较容易把握。在具体场合只要观察现场的气氛就可以做到这一点。比如，在平常的交谈中，只要不影响双方的交情，我们可以自由发表言论。但是，一旦到了公开场合，比如，当交易双方出现利益分歧的时候，大家会互不相让，从而导致双方陷入僵局，这个时候则需要我们巧妙地转移当前话题，使对方内心懈怠下来，逐渐引导对方顺着自己的思路去考虑问题，那么问题就可以迎刃而解。

（2）转移话题时，注意新话题的选择

当你决定运用这个策略时，选择话题时就应该慎重考虑，前提是能引起对方的兴趣，使对方的心情可以从前期的紧张气氛中得到缓解。同时，话题还是应该围绕当前大家关注的问题，不能突然之间把话题转向其他方面，让人明显感觉到你是在转移对方的注意力。要知道，我们转移话题是为了更好地解决分歧。因此，选择的话题一定要为以后的交流作铺垫，引导对方的思路顺着自己的方向思考。总之，话题的选择要达到巧妙、自然地过渡，反对过于突兀的话题。

（3）牵着对方的思路，再巧妙地把话题转移到分歧点

在人际交往中，任何一次话题的转移，并不是毫无目的可言，最终还需要把话题过渡到谈判分歧点上，利用前面所做的情感交流，让对方能够深切地体会到你的诚恳。这个过渡也要做到巧妙、自然。

（4）转移话题时，不妨多使用一些称赞性的词语，避免陷入僵局

在交流中，如果需要运用话题转移对方的注意力时，不要吝啬自己的赞美之词。因为根据人性的弱点，来自他人的赞美可以让一个人的内心感到愉悦，使人很快放松身心，放下戒备心理。同时，适当的赞美可以拉近双方的感情，有利于得到对方心理上的认可。如果能够在交往中巧妙地运用这个技巧，便可以轻松地化解难题。

当然，现实生活中也有极少数的人，把话题转换以后，便顺着当前的话题说下去，结果在不知不觉中被别人说服。这类人往往缺少语言驾驭能力，谁也不是生下来就有超强的语言驾驭能力，想要熟练地掌握这门技术，就需要不断地实践和总结。只有这样，才能在交流中更出色地完成社交任务。

适时说些扫兴的话，让对方知趣

语言是人际交往中最主要的工具，常言道："一句话让人笑，一句话让人跳。"由此可见，语言在人际交往中起着举足轻重的作用。通常情况下，每个人都希望自己能口吐莲花，让听话的一方心情愉悦。人际交往中，也会遇到一些特殊的情况，我们不得不说一些扫对方兴致的话，让其知趣地自动停止。这也是恰当处理社交场上，那些我们不赞同但又不能明显提出反对意见的尴尬问题的一种有效方法。

人际交往中，当别人向我们表达一种观点，或是提出某些要求而我们内心并不这样认同的时候，如果直言表示反对的话，会让对方难堪，对方心理上不容易接受。我们可以借助于几句扫兴的话，委婉地表达自己的意思。

虽然说扫兴的话可以有效地回避自己不愿意讨论的话题，但是说扫兴话的时候，也应该注意一些细节方面的问题。如果在人际交往中，不假思索地胡乱使用，只能让人对你退避三舍，因而也要慎用扫兴话。

总体来说，要运用扫兴话来解决交际中出现的分歧问题，应注意以下几个方面：

（1）注意使用场合

虽然扫兴的话可以为我们解决交际中的尴尬问题，但是也要分场合使用。人都生活在一个关系圈里，只有把这个圈内的关系搞好了，你才能生活得轻松自在。因此，在与周围的人打交道时，要避免说一些扫兴的话。如果是与关系不太熟的人，稍微说几句扫兴的话也无大碍。另外，在一些比较喜庆的节日场合下，也要避免说这样的话，以免触了霉头，引起众人的反感。总之，要看清形势再说，对自己有利害关系或与众人意见相对的情况下，尽量少说，或不说。

（2）注意使用频率

扫兴的话，就像是治疗病痛的药，虽然可以治疗某些伤痛，但是如果使用过量的话，就会出现副作用。生活中，当遇到不同意见时，我们可以说一些扫兴的话，打断对方的兴致，但是如果与他人交往中，你总是说一些这样的话，只会引起周围人的反感。试想一下，当别人对某件事情兴趣正浓时，你在旁边泼上一瓢冷水，对方心里会是什么滋味？如果偶尔一次，对方可能不会跟你计较什么，但是如果你经常这样做的话，谁还会跟你说话？因此，为了避免自己成为他人眼中的刺猬，请尽量少说扫兴话，当然，你如果实在对某人的提议感到无法认同的话，还可以采用其他的方法。

在双方交流中，面对他人的反对，我们已经很努力地沟通了，但是仍不见任何成效，这时说一些扫兴的话，让他人自动打消心中的念头，也不失为一种办法，但是需要注意以上要点。只要注意到这些方面，把扫兴的话巧妙地运用到日常交际中，才可以为自己带来便利的同时也不用担心有什么损失。

对方持反对意见，并不是丝毫不能让步

生活中，我们时常会听到别人不赞同的声音，面对那些声音我们总想试图说服他人能够接受我们的意见。在双方僵持不下的时候，如果能够适当地作一些让步，可能事情便会出现转机。其实，无论是在现实生活中，还是在管理、销售与市场行为中，经常存在一种讨价还价的现象，这便是我们所说的让步。

在社交场上，灵活的让步可以促进双方继续交流下去，有利于化解对方的反对意见，使得双方达成共识。在双方谈判的过程中作出让步，看似一件简单的事情，实际上并非易事。如果毫无原则地让步可能会让自己的利益受到损失，相反，如果坚持自己的原则不让步的话，最终可能还是会受到损失。因此，在交际中，要学会把握让步的时机和程度，让自己在谈判中获胜。

在双方交谈中，为了达到双赢的目标，作出让步的时候，要把握以下几个原则：

（1）时机原则

在让步策略中，所谓的时机原则就是指在适当的时机和场合下作出让步。虽然这个说起来比较容易，但是真正把握起来的话，也是有一定难度的。在谈判的过程中要避免根据自己的喜好、性情随意地作出让步，从而导致时机把握不准，最终使得让步价值缺失，促使对方想要得到更多的让步。因此，在使用让步策略时一定要谨慎，不能随意而为之。

（2）目标明确的原则

在人际交往中，不要天真地以为你的善意让步可以使对方感动，从而顺利地达到目的。事实上，恰恰相反，有些时候你的让步，只会让对方觉得理所当然。因此，在你作出让步时，一定要做到让步的标准、对象、理由、具体内容及实施细节都准确明了，避免出现新的矛盾和问题。这就要求你在作出让步时，必须让对方能明确地感受到，从而使对方有所回应。

（3）让步的程度也要心中有数

无论何时，我们在准备作出让步时，一定要做到胸有成竹。比如，在日常生活中，当你遇到反对意见时，你可以先同意对方的观点，这也是一种让步，让他觉得你已经尊重他的意见了，这个时候对方心理上会出现短暂的懈怠。然后利用这个短暂的时期提出自己的要求，这样才能让对方接受你的意见与建议。另外，我们要知道的一点是，我们现在所作出的让步是想让对方更好地接受我们的意见，从而争取获得大局上的胜利，因此，必要的时候，我们得先收回自己的意见，耐心地倾听对方的表述，然后把自己的看法委婉地提出来，从而获得最终的胜利。

（4）要把自己的要求准确地表达出来

无论在作出让步时，双方交谈进度如何，你都要谨记让步的最终目的是获得对方的认同。而且，在接下来的过程中一定要把自己的要求表述清楚。不要以为你这样做，对方已经很明白了，现实生活中，在这种情况下，有些人会揣着明白装糊涂。因此，为了最大限度地保护自己的利益，你要把你所能接受的最低限度明白无误地告诉对方，只有这样，才能达到预期的目的。

在人际交往中，我们运用让步策略，是想让双方都作出一些牺牲，从而达成共识。如果能够将这个策略巧妙地运用到社交场上，一定会为自己争取到更多的支持。

参考文献

[1] 日本木瓜制造. 石头剪刀布博弈心理学[M]. 郭勇，译. 长沙：湖南文艺出版社，2015.

[2] 陈玮. 博弈心理学[M]. 北京：中央编译出版社，2015.

[3] 张利. 生活中的博弈心理学[M]. 厦门：鹭江出版社，2014.

[4] 内藤谊人. 超强逆袭心理学[M]. 兴远，译.北京：新世界出版社，2016.

要有强烈的自信，你的自信会让对方怯场，尽管你自己没有多少资本可以依赖，但是对方并不知道，只要你给对手造成一种志在必得的错觉，对方就会有压力，因为对手与你抗衡将要付出更大的代价。

生活中，我们常常听到别人这样表明态度："除非我死了，你才能怎样怎样。"或者是"你要真想怎样怎样，就从我的尸体上踏过去。"事实上，当事者未必真的敢如此，但是给对方造成了严重的心理压力。当一个人敢拿着命来和别人拼的时候，可见他的信心和决心有多大。除非你也敢跟他较量，否则你就会败下阵来。

当然，当事者也要承受巨大的心理压力，如果对方真的敢这么做呢？到时候自己又该如何收场？是真要拼命，还是败退呢？事实上，骑虎难下。所以，千万不要将这种内心的恐惧和不安表现出来，否则一旦被对方觉察，自己将会完全处于被动。

一个会隐藏自己的人永远不会受到伤害，一个有心机、有城府的人才能审时度势，在社会上站得稳。所以，不要轻易地把自己的所思所想透露给别人，也不要在情绪和感情上有所流露。没准身边的那个人就会给你致命一击。

不要让对方看穿自己，对方既然能和你站在一个平台上竞争，说明对方的实力也强不到哪里去，而这时，双方比的就是心理。如果你的一个眼神或者一句话，让对方感觉到你的心虚，那么对方就会变本加厉地给你施加压力。所以，平日里说话做事，一定要小心谨慎，不该说的话不说，不该做的事不做，不要给别人留下口实。

要不断地鼓励自己，同时要告诉对方自己多么有信心、有决心，不断地给对方造成错觉，在增加自己实力的基础之上，给对方尽可能多的压力。

第九章

保持距离，轻松避免他人纠缠的心理博弈

生活中我们会遇到形形色色的人，当然遇到讨厌的对象也是很有可能的，这个时候你虽然心里厌烦他，但又不得不和他接触，该怎么办呢？本章就告诉你一些巧妙应对讨厌对象的心理策略，希望可以给你一些启发。

巧妙说点儿“客气话”，让对方和你保持距离

我们在生活中，经常会听到别人说：“您太客气了。”或者我们自己也会对别人这么说，其实，这是一种社交礼仪，无可厚非。但是我们有没有想过，当我们说这句话的时候，我们心里就已经在跟人“客气”了，这种客气代表着一种距离，说明我们之间还没有熟到可以不讲究这些交际礼仪，还没有熟到可以不在意这些繁文缛节。是的，客气既是一种人际交往的礼貌，也是人与人之间距离感的体现。

与陌生人或是关系一般的人交往时，客气话是一种礼貌，表示对对方的一种尊重或敬意。熟人或亲友之间适当的客气，体现着双方相互尊重、平等友好的关系。但是，熟人或亲友之间，如果过度使用敬语或客气话，则表示故意保持一种距离，对对方产生戒备的意思。比如，夫妻双方因为某个观点不一致而发生争吵，开始的时候，双方可能会无所顾忌地将自己心中的想法表达出来，或者强烈斥责对方观点的错误，有时候甚至会因为恼火而相互指责、谩骂。如果双方因为争执而取

得了一致的看法，或者相互商讨最终一方退步，那么矛盾解决，万事大吉；如果双方互不退让，坚持己见，时间长了，双方的关系可能就会产生一些微妙的变化，要么互不理睬，相互怄气，要么彼此故意保持距离，相互客客气气。再如，你跟一个朋友关系非常不错，平时形影不离，相互之间说话、做事都很随意，突然有一天你发现你的好朋友因为某件事对不起你，你很生气，不想再跟他继续交往下去，至少不会把他当作自己的知心好友了，你可能就会突然对他客气起来，会刻意地对他说“谢谢”“对不起”“麻烦你了”等，而这些在以前你是不会说的，因为不需要那样客气。其实，这些“客气话”就是一种刻意与他人拉开距离的方式。

当对方想跟你套近乎而你却对对方说一些交际上的客套话时，对方会说：“哎呀，你这么客气真是太见外啦！”可见，客气话有的时候就是一种“见外话”，是一种不把别人当作自己人的话语。人们一般对于跟自己关系密切的人是不会说一些客气话的。因为熟人之间，相互了解甚深，彼此之间非常亲近。因为熟悉就不会感到拘束，因为亲近就会放松警惕。人们在跟自己熟悉的人交往时，总是渴盼一种轻松、自在、随意的相处方式。相反，跟自己不喜欢甚至是讨厌的人相处时，总是会刻意与之保持距离，而保持距离的一种行之有效的方式，就是在与之交谈时，经常使用一些“客气话”，相处时，时时处处保持一种礼节上的“客气”。

生活中有很多人都在利用“客气话”刻意与他人保持一种距离。比如，夫妻两人在离婚前，说话口无遮拦，甚至经常挑彼此的刺儿，离婚之后，反而逢人就会夸奖对方的好处，彼此见面时，也会相互礼貌地打招呼，说一些不痛不痒的“客气话”。其实，这种客气就包含着相互之间的一种疏离感，双方刻意保持着距离。两个恋人在分手之后，也会对彼此客气起来，这种客气代表原来的亲密关系的消失以及现在的关系的疏远。有的时候，关系非常好的两个人，产生矛盾、发生争吵或打架后，两个人的关系会变得比以前“更好”，双方在对待彼此的态度上，似乎比以前更“谦恭”、更“礼貌”，而这种“谦恭”与“礼貌”实际上就是一种刻意为之的疏远。

因此，对于自己不喜欢甚至讨厌的人，在与之打交道的时候，可以刻意使用一些“客气话”，让对方能感受到你在刻意与之保持距离，刻意回避他。当对方在你的客气话中了解到你内心的真实想法后，便会知趣而退。

找个借口打断对方的谈话，对方自会知趣

我们在生活中可能会碰到这样的情况，当你正在高谈阔论，并为自己的独特见解而得意扬扬的时候，有个人突然很不知趣地打断你的话，横插一段，这个时候，无论这个观点多么精妙绝伦，我们都会感到十分扫兴，为他人不知趣的插话而恼火。而当对方停止自己的话语，请求你再次发言的时候，恐怕你的兴致早就烟消云散了。

的确，当人正在兴致勃勃地高谈阔论时，若被人突然打断，无论谁都会不高兴。偶尔一两次可能没关系，如果在说话的时候被人屡次中断，那是任何人都忍受不了的。因此，在与人交谈的时候，就要注意不要随便打断他人的谈话，败坏他人的兴致。然而，有个特殊情况，假如你对谈话者或者谈话者的话题不感兴趣时，你也可以利用此种方法来为自己服务。如果想早点儿结束谈话，可以找些事情或借口来打断谈话，反复运用几次，对方的谈话欲望就被扼杀了，你也可以享受你耳根子的清净了。

如果你同别人谈话，对方谈起你不懂的内容或不感兴趣的话题时，你可以说：“我上次已同某人谈起过这件事……”这样，就可以说另一个新话题了。当你想主动中断谈话的时候，你也可以找点儿事情离开谈话现场或者在谈话中突然插入一些牛头不对马嘴的闲话，比如“对，你说得很有道理，可是……”“如果是你想的那样就好了，可惜……”诸如此类的插入语，一般都能起到很好的打消他人说话兴趣的效果。

大学宿舍里，雯雯是个非常勤奋刻苦的女孩，很珍惜自己的时间，晚上睡觉前是她背记英语单词的最佳时间，每天都雷打不动，背到宿舍集体熄灯后才会准备进入梦乡，这是雯雯的习惯。然而，有一天晚上，隔壁宿舍的一个女生来雯雯宿舍玩，雯雯客气地给她倒了杯开水后，跟她简单地寒暄了几句，就准备上床拿起单词本背单词。而隔壁宿舍的女孩，非常爱美，在镜子前左照右照，对雯雯说：“哎，你觉得我的新发型好看吗？”为了表示礼貌，雯雯笑着对女孩说：“嗯，挺适合你的。在哪个理发店弄的？”女孩开心地一股脑说了很多，关于理发店、发型师、什么发型配什么脸型等，雯雯见她没有消停的迹象就笑笑说：“是吗？”“真的？”然后突然来了一句：“不知道现在几点钟了哦？”女孩停下来看看表又接着宣传她的美容知识，雯雯又插了一句：“听说下周二有个知名学者来咱们学校开讲座。”如此几次下来，女孩知道了雯雯的注意力根本不在自己的谈话上，于是悻悻地闭上嘴出去了。

在谈话中如果想中断他人的谈话，可以在对方谈得正起兴的时候突然插入，往往会起到立竿见影的效果。当对方谈兴正浓的时候被突然打断，就像过山车刚好到达“山顶”时戛然停止一样，会让人觉得非常不舒服，而当自己的谈话被屡次这样打断时，对方就会怀疑那个打断自己话的人是不是故意为之，因而会让对方产生不悦，甚至恼怒，然后可能以沉默反击或者干脆愤然离去了。

面对自己不喜欢的人或者不愿意谈论的话题时，我们可以采用中断他人谈话的方式，来让他人停止那个话题，或者让他人知趣地离开。可以采用以下的方式来中断谈话。这些表面上似乎是同意对方，实质上却是要中断、推翻对方的话语如下：

当对方说话时，冷不丁冒出一句“什么？你在说什么？”“等一下。”“对不起，请您再说一遍好吗？”等等，以此来打断对方的谈话。

当对方在说话时，你可以通过转换话题的方式，来败对方的谈兴："话虽这么说，可是……""我的看法可能跟你不一致……""你说得很有道理，但我觉得……"如此反复几次，对方就谈兴不在了。

突然设个圈套，找到拒绝的“理由”

有的时候，当公司的领导想批评他的下属的时候，他通常不会直截了当地指出错误，往往会事先跟这个下属沟通一下感情，表示自己对于他的信任及期望，让他的下属觉得自己很受器重，然后就那个下属工作中的失误或是不到位的地方进行严厉的批评。此时，虽然他板着脸，近乎不近人情，但是下属还是坦然接受自己的错误，并为自己的错误而感到羞愧，对于领导的批评也没有过多的抱怨。实际上，这是一种“先入为主”的心理作用的结果，因为领导一开始表现出的对于自己的器重，让下属有种先入为主的感觉，认为领导说什么话都是为自己着想的，因而在领导对自己提出批评的时候，他也觉得这是“爱之深、责之切”的表现，因而他只会去接受领导的批评，思考自己的过错，而不是去抱怨领导的责难。

在生活中，我们也经常会用到“先入为主”的做法，例如，我们先说让人高兴的话，然后即使说使人生气的话，对方也会继续欣然听你的谈话。

小张长得很漂亮，她的上司是一个已婚的中年男人，对小张有非分之想，每次见到小张都流露出一种暧昧的眼神，有的时候还假装有意无意地碰碰小张这里，又碰碰小张那里，这些都让小张十分反感。一次下班之后，小张的上司把小张叫进办公室，手中拿着一套内衣对小张说："上次去上海出差的时候看到这套内衣，觉得很漂亮，就买下来了，送给你。"小张立马很兴奋地说："哇！经理，你真是太有品位了，这种颜色的内衣最适合贤妻良母穿了，看了就让人感动。"于是小张的上司也非常高兴，并对自己的品位自豪不已。但是，小张立马严肃地说："但是，我觉得你的老婆更值得拥有它。而且我绝对不做破坏他人家庭的第三者，请自重。"说罢，小张转身走了，她的上司呆愣着留在原地。

面对自己不喜欢的对象时，可以先设个圈套，待他跟着你的指引进入这个圈套的时候，再急流勇退，出其不意地给对方一击，让对方没有机会采取进一步的措施。

谈话不按常理出牌，对方便会自乱阵脚

语言心理学揭示：交谈顺序分为表达、诉说、解释三个阶段。在交谈时，如果单独强调其中一个阶段，可破坏循序渐进的交谈。因此，若要搅乱对方的思路，可以无视其内容的表达，刻意抓住对方话里的把柄不放，使其表达、诉说、解释三个阶段无法贯通，便可以让对方轻而易举地同意你的立场。如果对方不赞同，正好就此中断交谈。

邵玲是一个长不大的孩子，大四快毕业之际，宿舍里所有人都急着找工作，而她似乎还没有做好准备工作的打算，可能压根儿就没想过，整天还是为了爱情、衣服、化妆品不停地打转，她的朋友很替她着急，总是催促她快点儿找工作。一开始她很感动，觉得这朋友是打心眼儿里对自己好，时间长了，她也有点儿烦了，每当朋友问她工作找得怎么样时，她总是有点儿心烦意乱的。一次，她在QQ签名档上写了：好想大声哭！她的朋友上线了，就问她："你怎么了，为什么想大声哭啊？"过了一会儿，她回复信息说："刚刚在打电话

呢！”她的朋友又问：“为什么想哭啊？”她回复：“在敷面膜呢，好久没好好保养了。”她的朋友回复：“问你这个你回答那个，跟你沟通真成问题了。”她说：“心情一直不好，去你那儿的时候心情就更不好了。”她的朋友有点儿气急败坏地问：“你到底什么意思啊？”她说：“因为找工作的事情，因为搬家的事情，我心情一直都不好，所以皮肤都变差了，就想大声哭了。”她的朋友无奈地说了声：“哦，那我要去忙了，回头联系。”

邵玲想跟她的朋友表达的是因为工作、搬家的事情弄得她心情很不好，皮肤也变差了，所以想哭，但是她没有把意思一连串地表达出来，而是虎头蛇尾，这让她的朋友无所适从，听不懂她在说什么，以至于心情焦躁，不想再跟她交流了。

当我们在说话的时候不按照正常的顺序表达的话，会给人一种说话无逻辑、思维混乱的感觉，这会让他人摸不着头脑，不知道你到底在说什么，因而会让他人感觉心情烦闷，一是他自己的话没有被你采用、理解，二是你的回答似乎答非所问、语无伦次，这些都会让对方恼火，从而失去跟你继续交谈的欲望。

一次，小郭对同宿舍的小王说：“小王，你鼻子上有黑头吗？”小王放下手中的书回答：“有，我鼻子上的黑头已经困扰我很多年了。”只是小王奇怪，她们在一起生活很长时间了，小郭怎么可能不知道她鼻子上有黑头呢？旋即她明白了，准是小郭看见什么去黑头产品，但是一个人买觉得太贵了，于是想找她合买，以前有过类似的经历，不过小郭这人没什么责任心，小王不想跟小郭合买。过了一会儿，小郭说：“我看过一款去黑头的产品，它的效果很好，我都看到了……”小王连忙接过话茬儿说：“它真的有效吗？我觉得还是确定真有效果再去买比较合适。”小郭连忙说：“当然有效果了，我都看见了。”小王说：“是啊，得自己亲眼看到效果之后才会决定要不要买，没有效果我是不会买的。我之前也买过一些去黑头的产品，他们都说有效果，可是结果并没有他们说的那么好。”然后，小郭也就没再提要跟她合买的想法了，因为她也认为小王说得有道理，自己要再看看那个产品是不是真的很有效。

当小郭还未提出要合买的请求时，小王就已经凭以往的经验以及对小郭的了解猜出了小郭的意图，她因为不喜欢跟小郭合买，于是就从小郭话里“看到效果”下手，告诉小郭她也必须亲眼“看到效果”才会买，否则不会去买的，从而暗示小郭自己不会跟她合买的决定，让小郭主动放弃继续说服她。

因此，当我们不希望被他人继续纠缠的时候，可以采用打乱对方说话顺序或者抓住对方话中把柄不放的方式，来让对方主动停止话题。

语言与态度不对称的方式，会让对方自动离去

人类有两种语言，一种是口头语言，另一种是身体语言，包括表情、动作、姿势等。两者的不同会给对方留下深刻的印象。要想赶走讨厌的家伙，最佳的方式就是使对方不悦，而使对方不悦的一种很好的方式就是说话的字面意思与身体语言不符，嘴巴里附和，却表现出心不在焉、不胜其烦的神情，就会让对方非常不悦。

看过《张小五的春天》的人都知道，张小五的未婚夫在她30岁生日那天抛弃她跟一个富家女好上了，本以为靠上富家女就可以完成自己开律师事务所的愿望，成就一番事业，哪知天有不测风云，富家女年轻、幼稚，根本就没想和他长期交往下去，其母更是找到他将其从事务所赶了出来，然后他又一无所有了。就在他走投无路之际，还是他的前女友张小五再次收留了他，让他到她的工程队，跟工人们同吃同住。工程队的工人都是张小五同甘共苦的兄弟，看到他抛弃张小五已经对他产生不满了，他现在又以那种方式回来，更是引起工人们的强

烈不满，而工人们向他表达不满的方式，就是采用语言上恭维，态度上厌恶的方式，来使对方心中难受、无地自容的。一天晚上，工程队的工人正在吃晚饭，张小五的前男友一身落魄地回来了，看到大家伙正在吃饭，饥肠辘辘的他觉得更饿了。然而，工程队的工人假装不知情地问："哟！这不是那个大律师吗？不是那个整天开跑车的人吗？怎么现在来我们这个地方啦？"另一个工人也继续挤对："哟！那一身西装得不少钱吧？穿得人模狗样的。"张小五的前男友心中五味杂陈，如果不是走投无路，恐怕早就转身走人了。

其实，那种语言上恭维态度上厌恶的方式，那种口头语言与身体语言不相符合的方式，是最令人心中不舒服的方式，对他人而言简直是一种不露骨的讽刺，他人会被这种讽刺折磨得浑身不自在，自尊心会受到极大的打击。人都有自尊心，当自己的自尊心受到他人的打击的时候，为了维护自己的自尊心，对方要么会自动离去，要么会跟他针锋相对，而一般人都会采取自动离开的方式。

生活中我们也经常会采用此种方法，来让我们讨厌的人自觉无趣，主动退出我们的交际圈子或是正在谈论的话题。比如，一个女孩非常自恋、虚荣，这让其他人很反感。有一次，当大家都在谈论各自的家庭情况的时候，那个女孩又在炫耀自己的家有多大，家里装潢多豪华，家里多么有钱，其他的女生就表情厌恶地说："你们家真有钱哪！"另一个女生心不在焉地说："哇噻！你们家简直可以跟皇宫媲美了。"女孩见其他人都那样，便自动闭上嘴巴不再说话了。再如，一个女人在面对自己不喜欢的男士的追求的时候，会这样摆脱男士的纠缠："张先生英俊潇洒，风流倜傥，又精明能干，我怎么会不喜欢呢？"她虽然说着赞美对方的话，可是表情里满是厌恶与不屑，这让那位男士极为尴尬，于是后来再也没来纠缠那位女士了。

生活中很多人都有意无意地在使用此种方法来拒绝或击退自己不喜欢的或者反感、厌恶的人的骚扰，这种方法确实不失为一种行之有效的方式。因此，当你想摆脱你所讨厌的对象时，不妨也采用口头语言与身体语言不一致的方式，来让讨厌的对象自觉无趣，主动退出。

第十章
巧避锋芒，应对他人反对意见的心理博弈

人际交往中，我们每天都会遇到各种不同的意见。这种情况下，我们应该采用什么样的方式去说服对方接受我们的观点和看法呢？那些反对的声音是不可避免的，作为一个成功人士必须懂得运用一些小小的技巧去博得对方的认同。本章旨在教大家如何去面对那些不同的声音，只要掌握了这些心理策略，社交场上，相信你也可以应付自如。

做个忠实的听众，耐心倾听对方的抱怨

有这样一个真实的故事，当布鲁默还是一个调查员的时候，他所在的公司总是会接到某人关于电话公司服务态度不好的投诉。于是，公司决定派他前往那里调查清楚事情的来龙去脉，以保证此人以后不会再继续向总公司投诉。于是，他找到了写投诉信的人。这个人是一家旅馆的主人，当布鲁默找到他，并说明来意的时候，他正怒火冲天地站在柜台边，双眼瞪着布鲁默。布鲁默不知道该怎么开始他们之间的交谈，接着便听到旅馆主人喋喋不休的咒骂声，布鲁默正在思考如何完成这次任务，让他平息心中的怒火，内心忽然闪出一个念头：先听听他到底有什么条件再说，于是，他便认真地倾听旅馆主人说话的内容。当旅馆主人停止了他满腹的牢骚时，布鲁默只是通过几句简短的话，便成功地说服了对方。对布鲁默的倾听，旅馆主人感到很舒服，最后还答应布鲁默，再也不会给总公司写投诉信了。由于这次任务的顺利完成，布鲁默由原来的调查员荣升为经理。这次交谈也为他积累了宝贵的经验，那就是当一